中华传统食材丛书

总主编　魏兆军　陈寿宏

调味品卷

主　编　魏兆军
编　委　魏超昆　刁海燕
夏　冰

合肥工業大學出版社

图书在版编目（CIP）数据

中华传统食材丛书.调味品卷/魏兆军主编.—合肥：合肥工业大学出版社，2022.8

ISBN 978-7-5650-5129-6

Ⅰ.①中… Ⅱ.①魏… Ⅲ.①烹饪—原料—介绍—中国 Ⅳ.①TS972.111

中国版本图书馆CIP数据核字（2022）第157755号

中华传统食材丛书·调味品卷

ZHONGHUA CHUANTONG SHICAI CONGSHU TIAOWEIPIN JUAN

魏兆军　主编

项目负责人	王　磊　陆向军
责任编辑	疏利民
责任印制	程玉平　张　芹
出　　版	合肥工业大学出版社
地　　址	（230009）合肥市屯溪路193号
网　　址	www.hfutpress.com.cn
电　　话	理工图书出版中心：0551-62903018 营销与储运管理中心：0551-62903198
开　　本	710毫米×1010毫米　1/16
印　　张	12.75　**字　数**　177千字
版　　次	2022年8月第1版
印　　次	2022年8月第1次印刷
印　　刷	安徽联众印刷有限公司
发　　行	全国新华书店
书　　号	ISBN 978-7-5650-5129-6
定　　价	115.00元

如果有影响阅读的印装质量问题，请与出版社营销与储运管理中心联系调换。

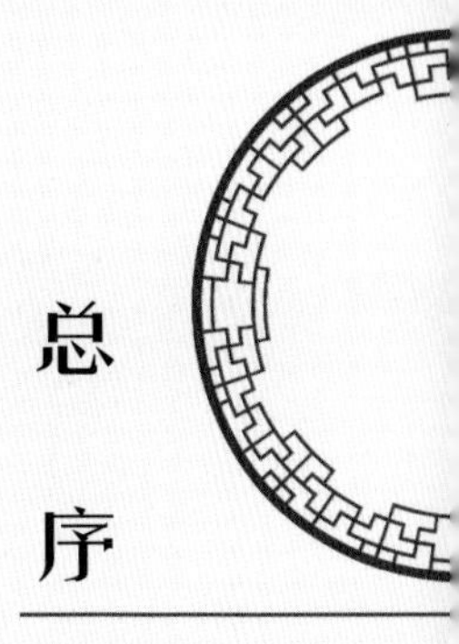

总序

健康是促进人类全面发展的必然要求，《“健康中国2030”规划纲要》中提出，实现国民健康长寿，是国家富强、民族振兴的重要标志，也是全国各族人民的共同愿望。世界卫生组织（WHO）评估表明膳食营养因素对健康的作用大于医疗因素。“民以食为天”，当前，为了满足人民日益增长的美好生活的需求，对食品的美味、营养、健康、方便提出了更高的要求。

中国传统饮食文化博大精深。从上古时期的充饥果腹，到如今的五味调和；从简单的填塞入口，到复杂的品味尝鲜；从简陋的捧土为皿，到精美的餐具食器；从烟火街巷的夜市小吃，到钟鸣鼎食的珍馐奇馔；从“下火上水即为烹饪”，到“拌、腌、卤、炒、熘、烧、焖、蒸、烤、煎、炸、炖、煮、煲、烩”十五种技法以及“鲁、川、粤、徽、浙、闽、苏、湘”八大菜系的选材、配方和技艺，在浩渺的时空中穿梭、演变、再生，形成了绵长而丰富的中华传统饮食文化。中华传统食品既要传承又要创新，在传承的基础上创新，在创新的基础上发展，实现未来食品的多元化和可持续发展。

中华传统饮食文化体现了“大食物观”的核心——食材多元化，肉、蛋、禽、奶、鱼、菜、果、菌、茶等是食物；酒也是食物。中国人讲究“靠山吃山、靠海吃海”，这不仅是一种因地制宜的变通，更是顺应自然的中国式生存之道。中华大地幅员辽阔、地大物博，拥有世界上最多样的地理环境，高原、山林、湖泊、海岸，这种巨大的地理跨度形成了丰富的物种库，潜在食物资源位居世界前列。

“中华传统食材丛书”定位科普性，注重中华传统食材的科学性和文化性。丛书共分为30卷，分别为《药食同源卷》《主粮卷》《杂粮卷》《油脂卷》《蔬菜卷》《野菜卷（上册）》《野菜卷（下册）》《瓜茄卷》《豆荚芽菜卷》《籽实卷》《热带水果卷》《温寒带水果卷》《野果卷》《干坚果卷》《菌藻卷》《参草卷》《滋补卷》《花卉卷》《蛋乳卷》《海洋鱼卷》《淡水鱼卷》《虾蟹卷》《软体动物卷》《昆虫卷》《家禽卷》《家畜卷》《茶叶卷》《酒品卷》《调味品卷》《传统食品添加剂卷》。丛书共收录了食材类目944种，历代食材相关诗歌、谚语、民谣900多首，传说故事或延伸阅读900余则，相关图片近3000幅。丛书的编者团队汇聚了来自食品科学、营养学、中药学、动物学、植物学、农学、文学等多个学科的学者专家。每种食材从物种本源、营养及成分、食材功能、烹饪与加工、食用注意、传说故事或延伸阅读等诸多方面进行介绍。编者团队耗时多年，参阅大量经、史、医书、药典、农书、文学作品等，记录了大量尚未见经传、流散于民间的诗歌、谚语、歌谣、楹联、传说故事等。丛书在文献资料整理、文化创作等方面具有高度的创新性、思想性和学术性，并具有重要的社会价值、文化价值、科学价

值和出版价值。

对中华传统食材的传承和创新是该丛书的重要特点。一方面，丛书对中国传统食材及文化进行了系统、全面、细致的收集、总结和宣传；另一方面，在传承的基础上，注重食材的营养、加工等方面的科学知识的宣传。相信“中华传统食材丛书”的出版发行，将对实现“健康中国”的战略目标具有重要的推动作用；为实现“大食物观”的多元化食材和扩展食物来源提供参考；同时，也必将进一步坚定中华民族的文化自信，推动社会主义文化的繁荣兴盛。

人间烟火气，最抚凡人心。开卷有益，让米面粮油、畜禽肉蛋、陆海水产、蔬菜瓜果、花卉菌藻携豆乳、茶酒醋调等中华传统食材一起来保障人民的健康！

中国工程院院士 

2022年8月

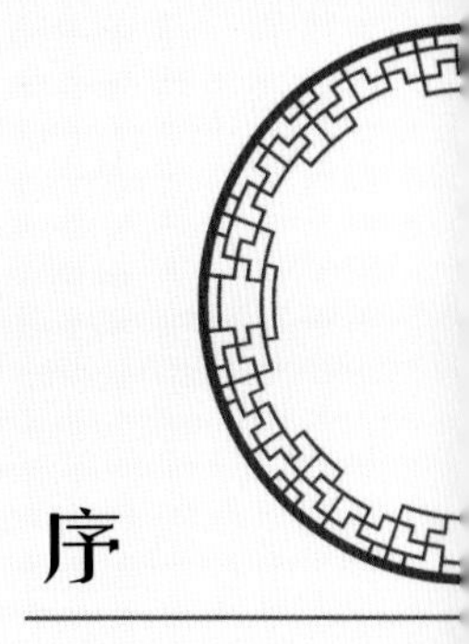

序

调味品食材，通常用于增加菜肴的色、香、味，进而促进食欲，是有益于人体健康的辅助食材，一般包括香草和香料。香草是各种植物的叶子，通常为新鲜、风干或粉末状态。香料通常为植物的种子、花蕾、果实、花朵、树皮和根。一些调味品由多种香料混合而成，或者由多种香草混合而成，在饮食、烹饪和食品加工中广泛应用，用于改善食物的味道，并具有去腥、除膻、解腻、增香、增鲜等作用。从广义上讲，调味品包括咸味剂、酸味剂、甜味剂、鲜味剂和辛香剂等，像食盐、酱油、醋、味精、糖、八角、花椒、芥末等都包含在内。美食的要素包括色、香、味、质构、营养和安全性，除了满足人类生存的需要，还应该使人们获得感官的愉悦和心理的享受。食品风味是一个广泛和综合的术语，主要包括食品的香气和味道。颜色和香气是人们购买食品时的“第一印象”，美味则是保证一种食品能持久地被特定人群接受的必要条件。因此，食品科学家和食品工艺学家利用调味品食材把提高和改进食品的风味作为提高食品质量最重要的手段之一。随着生活水平的不断提高，人们对食品风味的要求也不断提高，利用调味品食材所具有的风味进行食品开发已发展成为食品工业的一个重要分支，成为推动食品工业发展的重要动力。

调味品食材除具有改善食品风味的作用外，往往还具有一定的功能食品属性。传统中华美食往往与食疗的理论相结合，以食物或食用药物为原料，加之调味品食材，或以调味品食材本身的食疗功能为主，用各种烹制手段制作膳食，这些膳食既有较高营养价值，又可防病治病、强身健体。

正因如此，我们编写《调味品卷》分册，力求充分挖掘我国丰富的调味品食材资源及其饮食文化和烹调方法，为广大读者服务，把风味和健康带给读者，从而尽可能地展示中华美食中调味品食材的独特魅力。纵览古今文献，有关调味品食材的内容，可谓汗牛充栋，其中确有不少枕中之秘、囊中之珍可供人们选用。我们力求去粗取精、去伪存真、删繁就简，本着文化性、科学性、实用性、可行性“四结合”的原则，对资料加以分类、总结、提炼、升华，形成了《调味品卷》分册。我们力求以浅显、通俗的语言，科学系统地介绍各种调味品。每种调味品食材均从“诗词”引入，重点从“物种本源”“营养及成分”“食材功能”“烹饪与加工”“食用注意”“传说故事”六个方面做了详细的介绍，让广大读者“看得懂、学得会、用得上”。

尽管调味品食材种类繁多，风味独特，但并非每一种调味品食材都适合大家的口味与身体状况。这是因为每个人的体质不同，对美味的感受也各异。因此，在选择调味品食材时，应该根据自己的个人喜好和健康状况加以甄选。

本书为“中华传统食材丛书”之一的《调味品卷》，在编写的过程中，我们参阅了大量的图书资料，由于版本过多，并未一一注明出处，江南大学张晓鸣教授审阅了本书，并提出宝贵的修改意见，在此一并表示衷心的感谢。

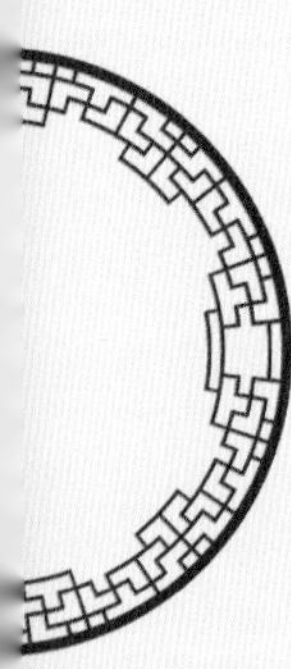

由于我们的学识水平和经验有限，书中疏漏和谬误在所难免，恳请广大读者不吝赐教，以便今后进一步修改和完善。

编　者

2022年7月于合肥

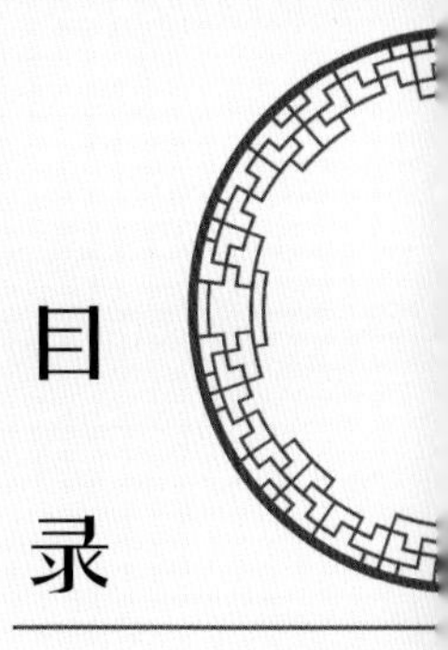

目录

盐

同𫄨入贡载遗经，分赐群臣羡水晶。
润下作咸从海产，熬波出素似天成。
享神洁白惟形似，富贵珍奇以宝名。
此物可方为相事，他时商鼎用调羹。

——《盐》（元）张观光

一、物种本源

食盐（Salt），由盐湖水、海水、盐井泉水等经多种工艺加工后干制而成，其中颗粒细小、颜色雪白、无杂质者为上品。

二、营养及成分

食盐，为天然调味料，含有人体所需的多种微量元素，如钠、钙、镁、锌等。不同原材料提炼的盐所含的元素质量比不尽相同，略有差异。

三、食材功能

性味 味咸，性平、微凉。

归经 归肺、胃、肾、大肠、小肠经。

功能

（1）《日华子诸家本草》记载：“（盐）暖助肾脏、制金疮、明目、止风泪邪气。”

（2）食盐可解毒、凉血、润燥、定痛、止痒，对虫伤、疮肿、火灼伤有效，可去腐、生肌、通利大小便、疗疝气、消补五味。

四、烹饪与加工

烹饪

盐在腌制方面作用非常大。用盐腌制荤菜，可以让其肉质更紧实；腌制素菜可以让其脱水，重新调味时更入味。

腌制素菜方面，手捏菜就是代表，比如上海青这种菜，如果凉拌，必须要加盐杀水，使用盐捏透、腌熟，然后加油等调味，不然必须要加热才能食用。手捏菜可以单独用来制作凉菜，也可以搭配海鲜、菌类、肉类做炒菜，如手捏菜炒河虾。腌制素菜一般选用细盐，素菜和盐的用量比例为100：1。

腌制荤菜方面，最具代表性的有安徽刀板香，就是将五花肉加盐通过长时间腌制、风干增加风味。腌荤菜主要用粗盐，肉和盐的用量比例为33：1，腌制时间在一周左右。

腌海鲜类，跟大家分享一个有意思的食材——海蜇。海蜇成分主要是水，如果是刚买回来的新鲜海蜇，当天吃不完又不用盐水浸泡的话，第二天就全都变成水了，所以必须用粗盐浸泡腌制。

加工

在自然条件下，食盐以多种形态存在。下雨时，雨水进入土壤，将其中的盐分溶解，然后随溪流进入江河湖海；海水水分在阳光等自然条件的作用下不断蒸发，盐分比例不断增加，久而久之，海水便含有大量食盐成分。据估算，地球海水所含食盐总量超过100亿吨，人类根本不用担心食盐短缺，海水所提炼之盐即为海盐。在某些内陆地区，河流湖泊远离海洋，其降水量又远小于蒸发量，随着水分的不断蒸发，其中的盐分比例不断增加，逐渐形成了盐湖。在部分盐湖中，食盐在湖底和湖滨大量凝集，形成湖盐，或叫池盐。在地球漫长的地壳运动和地质变迁过程中，部分海洋会演变成盐湖，而有些盐湖则会融入海洋。盐湖经过干涸、地壳变迁等作用，往往会沉入地底，便成了岩盐（崖盐）。随着地下水的进入，大量食盐便会溶解，形成盐水，而井盐就是开井取盐水提炼而成。可以看出，以自然界食盐的存在状态和存量而言，

盐

人类获取食盐的难度并不大。大约在新石器时期，人类便认识到了食盐的重要性，将其用于生活之中。然而，没有经过精炼的天然食盐，其中含有不少杂质，不宜直接食用，如镁、钙、钾的氯化物等。含镁的天然食盐极易受潮，味道偏苦，食用之后易导致腹泻。因此，天然食盐必须经过提炼才可食用，如今，食盐的提炼工艺已相当完善。

特色盐

五、食用注意

（1）长期大量食用食盐的人群，更易发生高血压、中风，死亡率更高，当适当控制食用量时，血压明显降低。同时，食盐具有降低动脉硬化发生风险的功能。

（2）食盐的摄入量过大，容易使人体骨质中的钙元素流失，因此应注意平时的食盐用量，以免过量食用带来不良后果。

唐玄宗禁盐

传说唐玄宗（685—762）开元年间，宫里有个詹姓御厨，能烹制各种美味佳肴。

一日，玄宗醉酒后问他：“你说，什么东西最好吃？”

詹厨子回答：“用尽天下，只有钱好；吃尽天下，只有盐好。”

玄宗听后不悦地说：“吃尽天下，只有盐好，那人为什么不光吃盐呢？为什么还要吃酒吃肉，吃山珍海味呢？”

于是，玄宗便命人把詹厨子拉出去一刀给斩了，并且下令，以后天下人再也不许吃盐了。

禁盐后，玄宗才发现，离开了盐，再好的菜肴都无滋寡味，难以下咽。

只过了18天，从皇宫到民间，人们就病倒、病死无数。眼看天下就要大乱，唐玄宗这才晓得詹厨子说得没错。

但人已经错杀了，于是他就许愿每年让詹厨子18天皇位，又叫天下人重新吃盐，天下才又太平起来。

酱油

僻性稍疑木石亲，得君添作眼中人。
披襟却带烟霞气，选韵浑忘簿领身。
乡县酱油应染梦，湖堤梅蕾已含春。
偷闲射覆娱长夜，来去扁舟莫厌频。

——《次韵答德清知事袁潜修袁为湘潭人其县酱油最擅名故掇句及之》（清末民初）陈三立

一、物种本源

酱油（Soy sauce），一种发酵的咸味液体调味品，为我国古代劳动人民所创。最早记载于西汉史游所撰的《急就篇》，其中有“芜荑盐豉醯酢酱”一说，颜师古注云：“酱，以豆合面而为之也。”由此可知，传统制作方式的原材料为大豆和面粉。取大豆蒸煮至熟透，再加入面粉搅拌均匀，然后存放在竹匾或木盘中，以催化霉菌生长，然后转至缸内，加入适量盐水后置于烈日下暴晒一段时间，待酱醅成熟后，用盐水搅拌，压榨制成酱油。现代工艺的酱油制作原料更加丰富，包括脱脂大豆、小麦、碎米和麸皮等，使用的发酵物质为米曲霉，采用固态低盐发酵方式，将发酵时间缩短至15~30日，然后再以浸出法为手段，淋出酱汁，最后再经过配制、消毒杀菌，自然澄清即可。

二、营养及成分

每100克一级酱油中所含部分营养成分见下表所列。

热量	66千卡	镁	130毫克	锰	1.1毫克
蛋白质	8.3克	磷	173毫克	核黄素	0.3毫克
碳水化合物	6.9克	钙	27毫克	铜	0.1毫克
脂肪	0.6克	铁	7毫克	视黄醇	64.8微克
钠	4861.1毫克	锌	2.1毫克	胡萝卜素	19.4微克
钾	848毫克	烟酸	1.7毫克	硒	3.8微克

三、食材功能

性味 味咸，性寒。

归经 归脾、胃经。

功能

（1）《饮膳正要》记载："（酱油）止痛，解毒。"

（2）酱油有解热除烦、调味开胃之功效，对厌食、食欲不振等症有益，外用对疔疮初起、水火烫伤、虫伤叮咬有缓解疼痛的作用。

（3）酱油可生成天然抗氧化物质，该物质能降低自由基活性，有益人体健康。较一般抗氧化剂而言，其效果强大10余倍。

四、烹饪与加工

烹饪

通常而言，酱油分为两大类，一为老抽，二为生抽。老抽咸味较淡，主要作用是提色；生抽主要用于增鲜。菜肴中加入适量酱油，不但可以起到提味、增加食欲的作用，更能祛热除烦。

烹饪时酌量加入，每次10～30毫升。酱油与治疗血管疾病、胃肠道

酱　油

疾病药物相冲，不可同时食用，否则会导致呕吐、恶心等不良症状。酱油不宜加入绿色蔬菜之中，否则会破坏蔬菜的本味，亦会使其颜色暗黑、失去色泽。

加工

蒸豆：取黄豆适量，置于水中浸泡，至其涨发。盛具以木桶或瓦缸为佳，浸泡时长为1小时左右，浸泡程度以豆皮起皱为佳。再将黄豆滤去水分，放入蒸桶内，蒸煮4~6小时便制成蒸豆。

发酵：黄豆完全蒸熟后，放置冷却，通常摊于竹篱之上，送到发酵室内发酵。发酵时，应置于木架层分层摆放，须注意密封性，将温度控制在37℃之上；若室温偏低，可通过人工加热手段提升温度，加速发酵。发酵时间为6天。为保证黄豆发酵彻底均匀，应在第3天进入发酵室进行搅拌翻动。待黄豆表层有黄绿色曲霉和酵母菌之时，便可将其置于木桶或瓦缸内，并按一定的比例倒入清水，充分搅拌均匀，待发酵后的黄豆充分吸水后，将多余的水滤去，再置于竹篓之中，盖上棉布，继续置于发酵室内发酵8小时左右，此时温度应控制在37~38℃；待黄豆发热、酱油香气溢出之时，发酵完成。

酿制：将经过发酵的黄豆装入木桶酿制。酿制配方为黄豆100千克、食盐30千克、清水40千克。具体操作是将黄豆与盐分层间隔铺于木桶或瓦缸之中，注意最底层为黄豆，并以盐封顶，再盖上盖子，以牛皮纸封存。

出油：酿造120日左右，即已出油。此时，以过滤网置于出油口，并将盐水倒入木桶或缸内，此过程通常为5日左右，即可得酱油。一般每100千克黄豆可酿制酱油300千克。所得的酱油通常都要加入糖浆。糖浆的做法：按食糖与清水25∶1的比例配制之后，大火猛煮至变为乌黑色，当甜味消失，稍稍呈苦味即可。通常，酱油与糖浆的比例为25∶3，将糖浆过滤，加入酱油搅拌均匀即可。

暴晒：酱油加入糖浆后，仍需密封置于强光下暴晒10~20日。

酱　油

五、食用注意

（1）不应食用长白膜的酱油。

（2）食用时不宜加热时间过长。

三句半说酱油

从前，江苏兴化城外乌金荡畔，有一户小康人家，新娶了一房儿媳妇。公婆商定，准备用年终吃守岁酒的机会，来测试一下新过门的儿媳妇的玲珑程度。

他们在丰盛的守岁酒菜肴中，特备了一款生姜、大蒜拌干丝（卜叶丝），把酱油、麻油、醋等佐料备好，随时吃随时拌。守岁酒宴席开始，公公拿出十两一锭的纹银说道："年终守岁，我特备纹银，一家共享天伦之乐。开席前就以桌上酱油为题，一人说一首三句半。三句半中要有自己的亲身经历、时间、地点。'酱油'与'酱油瓶'各出现一次，不得雷同。谁编得最好，就得此锭纹银；编不好就自掏十两请别人编。我先开个头，然后依次为老太婆、儿子、儿媳妇。"

公公说道："大前天上街打酱油带还债，遇上小偷摸钱袋，不是酱油瓶挡得快，险乎儿！"

婆婆道："前天用酱油红烧猪肉煨茨菰，烧火长工想吃我的'老豆腐'，不是酱油瓶挡得快，险乎儿！"

儿子道："昨天我去打酱油，遇上一群大马猴，不是酱油瓶挡得快，险乎儿！"

儿媳妇道："油瓶、醋瓶、酱油瓶，世间无人不苦钱，不动真格吃酱油，银子险乎！"

拿起酱油瓶"咕咚"一口，公婆和丈夫都拍手称赞。新媳妇笑嘻嘻地接过公公赏赐的银元宝，一家人欢天喜地吃守岁酒。

醋

芽姜紫醋炙银鱼，雪碗擎来二尺余。
尚有桃花春气在，此中风味胜莼鲈。

——《醋炙银鱼》（北宋）苏轼

一、物种本源

醋（Vinegar），有多种别名，如苦酒、米醋、酢等，呈液态，由米、麦、高粱、酒等多种原材料酿制而成，颜色亮丽、酸味柔和、无刺鼻感，其中略带甜味的为上品。在我国，醋是一种有着悠久历史、各色菜系都经常使用的调味料。据有关文字记载，我国是东方醋的发源地，古代的劳动者就能用酒味发酵剂，成功酿造醋。醋之古名为“酢”“醯”“苦酒”等。“酉”最早见于甲骨文，其本义是酒器，引申指酒。此外，“醋”之名为苦酒，也表明了其与酒之渊源。醋的历史可追溯到2600余年前，最早见于《礼记·檀弓》。现全国均有酿造。

二、营养及成分

每100克食醋所含部分营养成分见下表所列。

热量	31千卡	磷	96毫克	锌	1.3毫克
碳水化合物	4.9克	钙	17毫克	核黄素	0.1毫克
蛋白质	2.1克	镁	13毫克	视黄醇当量	90.6微克
脂肪	0.3克	铁	6毫克	硒	2.4微克
钾	351毫克	锰	3毫克	胡萝卜素	2.1微克
钠	262.1毫克	烟酸	1.4毫克		

三、食材功能

性味 味酸、甘，性平。

归经 归脾、胃经。

功能

（1）《名医别录》记载："（醋）消食开胃，散瘀血，收敛止泻，解毒。"

（2）醋唯米造者入药，得温热之气，其味酸，色红，气温无毒。

（3）醋中含有10余种人体所需的酸性物质，如醋酸、乳酸、甲酸、丙酮酸、苹果酸、氨基酸、柠檬酸、琥珀酸、草酰乙酸等。这些酸的存在，使醋的味道更加鲜美、可口，可增强人体肝脏功能，促进血液循环，使皮肤变得光滑。

四、烹饪与加工

烹饪

陈醋最酸宜红烧，香醋味香多凉拌，米醋用途最广泛，白醋能做汤，熏醋调剂风味。

醋

加工

因酿造材料和制作工艺的多样化，目前食醋尚无统一的分类方式。根据制作流程的不同，食醋可分为两类，一是人工合成醋，二是酿造醋。前者有两个小类，分别为白醋和色醋。后者因酿造材料的差异，又可细分为粮食醋、糖醋、酒醋、果醋等种类。粮食醋为市场上最为常见的一种食醋，可继续细分为不同小类，如熏醋、特醋、香醋、麸醋等。

人工合成醋制作流程简单，以可食用的工业冰醋酸加水稀释即可。其醋味很大，但无香味。与酿造醋相比，其营养价值较低，但保质期较长，不易变质，主要用来调味，对人体无多大益处，因此食用时应尽量选择酿造醋。

古时，我国酿醋曲种基本上有两类，一是白色曲饼，其主要发酵物质为根霉；二是黄色曲，其主要发酵物质为米曲霉。唐代，制曲和酿醋工艺有了极大的提升，《四时纂要》记载，此时的酿醋用曲在沿袭以往根霉饼曲的基础上，又发展出以糙米、大麦为原料生成的米曲霉散曲；同时，变以往一次投曲为多次分批投曲，不仅避免了因投曲量过大、糖分较高而不利于发酵的情况，而且可以充分保障发酵生物的数量和发酵酶的活性。

醋

五、食用注意

（1）脾虚、体湿、拘挛人群应禁食；食用时注意用量，醋对牙齿有损伤，且可破坏胃黏膜。

（2）制作海参类食物，不应加入醋调味，否则会破坏口感，使海参变味。

（3）不应使用铜制器皿贮藏。醋可与铜发生化学反应，生成有毒、有害物质。

（4）醋与磺胺类药可发生反应，生成结晶，不利于肾脏功能；可抑制碳酸氢钠类药物功效。因此，服用这些药物之时，不可食用醋。

杜康造酒儿造醋的传说

镇江广为流传的“杜康造酒儿造醋”的民间传说，为镇江香醋蒙上了神奇的色彩。

相传杜康发明了酿酒术后，举家迁居镇江，在城外开了一个前店后作的小糟坊，卖起酒来。

儿子黑塔长得五大三粗，气力过人，干活十分利索。他除了在作坊里干提水、搬缸等粗活外，也帮着父亲酿酒、泡酒糟，有时还养马消遣。

一日，黑塔高兴，一口气喝了数斤米酒。又香又醇的米酒使他感到头重脚轻，回到马房就想睡。谁知进门时被门槛绊倒，便在大缸边呼呼大睡起来。

突然，耳边响起一声惊雷。黑塔在朦胧中看见缸边站着一位白发老翁。

老翁笑眯眯地指着大缸说：“黑塔，东边三口大缸里你酿的调味琼浆，已经21天了，今日酉时就可以吃了。”

黑塔正欲开口，一眨眼老翁不见了。回想刚才发生的一幕，黑塔将信将疑。大缸中装的不过是喂马用的酒糟加几桶江水，怎么会变成调味琼浆？

黑塔跑到缸前一看，糟水渗出，飘出阵阵香气。舀出一点品尝，只觉得这水味道香甜，还带点酸味，喝下后就觉得沁人心脾，浑身上下有说不出的舒坦。

黑塔把事情经过告诉了父亲，杜康听了也觉得神奇，看看大缸里的“水”，色黝黑而透明，尝尝大缸里的“水”，味香酸而不涩。

杜康按照黑塔所说的办法在酒糟里加水调制，经过21天，果然酿造出又香又酸的调味琼浆来。

街坊四邻闻讯来买，可是管它叫什么名字呢？黑塔说：“仙翁指点，21天到酉时成功，21日加个酉字，就叫它‘醋’吧。”从此，“杜康造酒儿造醋”的传说就这样流传了下来。

味精

物以高温性会迁，名因纰缪渐成偏。
随盐入釜虽无迹，馔玉炊金百倍鲜。

——《味精》（现代）关行邈

一、物种本源

味精（Monosodium glutamate），是由葡萄糖经谷氨酸棒杆菌或黄色短杆菌发酵制得L–谷氨酸，再与氢氧化钠或碳酸钠中和，脱色而得。中文学名为谷氨酸钠，又名味之素，以颗粒整齐、色泽洁白、结晶透明、纯度高、颗粒大、吸湿性小、味道鲜美者为佳。全国各省（区）市都有生产。味精发展的历史可以分为3个阶段。

第一阶段：1861年，德国研究者从面筋中分离出单体谷氨酸。1908年，日本学者池田菊苗通过复杂工艺从海带中提炼出L–谷氨酸结晶体，具有较强鲜味。

第二阶段：1965年之前，以面筋、大豆粕为主要原料，借助酸水解制成味精。

第三阶段：1965年至今，我国以粮食为主要原料，经发酵、提炼等工艺获取达标的谷氨酸钠，为市场上增加了一种安全又富有营养的调味品。用了它以后，菜肴更加鲜美可口。

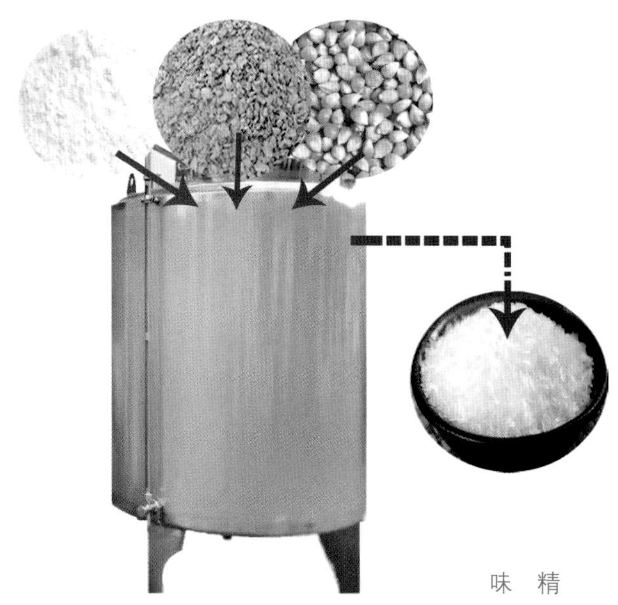

味　精

二、营养及成分

每100克味精所含主要营养成分见下表所列。

热量	268千卡	镁	7毫克	烟酸	0.3毫克
蛋白质	40.1克	钾	4毫克	铜	0.1毫克
碳水化合物	26.5克	磷	4毫克	硫胺素	0.1毫克
脂肪	0.2克	铁	1.2毫克	胡萝卜素	33微克
钠	8160毫克	锰	0.7毫克	硒	1微克
钙	100毫克	锌	0.3毫克	视黄醇当量	0.2微克

三、食材功能

性味 味酸、甘，性平。

归经 归胃经。

功能

(1)《中医食疗学》记载：“（味精）滋补，开胃，助消化。”

(2) 味精对改善酸缺乏、增强食欲、开胃健食有良好作用。

(3) 味精为安全又富有营养的调味品，兼具食用和药用价值。其能调节人体细胞营养比例，增加大脑乙酰胆碱含量，从而保护大脑机能，对预防和治疗神经衰弱也有一定益处。其进入血液后，可与氨化物发生作用，生成谷酰胺，在防治癫痫、肝昏迷等方面有疗效。因此，肝病患者平时烹制菜肴时，适量加入味精对身体有益。此外，适量食用味精对儿童智力发育具有一定的帮助作用，可作为一种辅疗方式。

四、烹饪与加工

烹饪

高汤本身鲜味较浓，具提味效果，因此用其烹制食物时，无须再添加味精。味精不易溶于酸，且随着酸性的增强，其溶解度越来越小，因此不宜将其用于烹制酸性食物，提鲜效果不明显。味精可与碱发生反应，生成谷氨酸二钠，具臭味，因此亦不宜将其用于烹制碱性食物。味精为调味料，烹饪菜肴时须特别注意用量，如添加过量，菜肴呈苦涩味，应根据食物量适量加入。

加工

味精亦名味素，是由葡萄糖经谷氨酸棒杆菌或黄色短杆菌发酵制得L–谷氨酸，再与氢氧化钠或碳酸钠中和，脱色而得，其关键组分为谷氨酸钠，也被叫作麸氨酸钠。谷氨酸由蛋白质分解而成，属氨基酸类物质。最早被日本企业在1909年发现并获取专利。优质味精呈白色，粉末状，遇水溶解后可快速分离成钠、谷氨酸盐离子。

味　精

鸡精为味精进一步加工产品，而非从鸡类家禽身上提炼而得，主要成分其实就是味精和盐。其中，味精占比约为四成，同时含有糖、盐、鸡肉、香辛料、肌苷酸、鸟苷酸、淀粉等多种物质。因其所含核苷酸味道与鸡肉类似，故而得名。

五、食用注意

（1）注意味精用量。摄入味精过量将提升人体内谷氨酸浓度，抑制微量元素吸收。

（2）不宜用于碱性物质调味。味精可与碱发生反应，生成谷氨酸二钠，具臭味，不仅影响食欲，而且不能被人体吸收。

（3）制作凉菜时不宜添加。因味精在室温下不易溶解，提味效果不显著，且无益于身体健康。

（4）世界卫生组织建议，以1千克体重为单位，每日人体最佳的味精摄入量为0.1克。

中国味精的来历

味精是众所周知的调味品。它诞生至今才百余年。说起味精的发明，纯属一种偶然。

那是在1908年的一天，日本东京帝国大学化学教授池田菊苗（1864—1936）在吃着妻子准备的可口菜饭时，从一些海带和几片黄瓜里获得了灵感。

不久后，一种叫“味之素”的调味品便从东京浅草的一家店铺里开始走向世界。

20世纪初，中国到处可见日本“味之素”的广告。

有个叫吴蕴初（1891—1953）的工程师对这种能产生鲜味的粉末很感兴趣，买了一瓶回去研究。他检验出粉末的主要成分是谷氨酸钠，于是他就想造出中国的“味之素”来。

困难虽然不少，但靠着渊博的学识和坚强的毅力，经过一年多的时间，他终于提炼出了10克白色粉末状的结晶来。一尝味道，与日本的“味之素”无异。

吴蕴初想，最香的香水叫香精，最甜的甜味剂称糖精，那么最鲜的东西不妨叫它味精。一个响亮的调料名称就这么诞生了。他是世界上最早用水解法来生产味精的人。

要建厂生产了，厂名叫什么好呢？吴蕴初形容味精之鲜美，好比天上的庖厨烹调出来的，因而厂名为“天厨”。

广告词也很具特色：“天厨味精，鲜美绝伦”“质地净素，庖厨必备”“完全国货”。

1923年，吴蕴初在上海创立了天厨味精厂，向市场推出了中国的“味之素”——“佛手牌”味精。生意顿时做开，遍销全国，后来设在香港的分厂又把产品打入美国市场。吴蕴初也博得了一个“味精大王”的称号。

佐料酒

鹅儿黄似酒，对酒爱新鹅。
引颈嗔船逼，无行乱眼多。
翅开遭宿雨，力小困沧波。
客散层城暮，狐狸奈若何。

——《舟前小鹅儿》
（唐）杜甫

一、物种本源

佐料酒（Cooking wine），是以水、粳米、麦曲、姜、葱、花椒、大料、香粉、肉桂、糖浆、陈醋、胡椒等浸泡酿制而成，又名料酒、黄酒、调味酒、去腥膻酒，以清澈透明、酒香纯正、料香浓郁者为佳。料酒就是专门用于烹饪调味的酒。用料酒腌渍鱼类等腥味较重的原料时，能迅速渗透到原料内部，对其他调味品的渗透有引导作用，从而可使菜肴的滋味融合，并起到去腥膻、除异味的作用。烹制肉类及炖鱼时，放入适量的料酒，加热后能与溶解的脂肪产生酯化作用，生成酯类等香味物质，使菜肴溢出馥郁的香气，可增鲜提味。福建、山东、浙江等地都有生产，以浙江绍兴所产质量较好。

二、营养及成分

佐料酒中营养丰富，主要成分除了乙醇和水外，还含有葡萄糖、麦芽糖等许多容易被人体消化吸收的营养物质，仅酸类物质就含有乳酸、琥珀酸、乙酸；含氮物质中有肽及17种氨基酸，其中有7种是人体必需

料　酒

而又不能自身合成的。这7种氨基酸，佐料酒中的含量最全，居各种酿造酒之首，尤其是还含有能促进人体发育的赖氨酸。佐料酒的营养价值超过了有“液体面包”之称的啤酒和有“液体黄金”之称的葡萄酒。佐料酒的发热量是啤酒的3~5倍，是葡萄酒的1~2倍。每升佐料酒含有氢化合物1.6~2.8克，碳水化合物28~200克。一般情况下，1升佐料酒含1000千卡热量，绍兴的“香雪酒”1升含热量达2000千卡。

三、食材功能

性味 味苦、辛，性温。

归经 归肝、心、脾、肺、肾经。

功能

（1）《遵生八笺》记载：“（佐料酒）通血络，厚肠胃，去膻腥。”

（2）佐料酒可温中、散寒、开胃、消食、去膻，有调和五气、增食欲、强身心的功效。

（3）佐料酒，除含有乙醇外，还含有酯类和其他化学成分，所以用于烹调菜肴时具有很强的去除腥味、膻味及增加香味的作用。佐料酒能溶解食物中的钾胺及氨基戊醛等物质，经过加热后这些物质便随佐料酒中的易挥发成分排出，故对异杂气味等有显著的清除效果，并能同菜肴中的脂肪发生酯化反应，可产生芳香物质和香气，所以，在烹调时加入佐料酒能增加菜肴的香气和鲜美适口度。

四、烹饪与加工

烹饪

佐料酒的调味作用主要为去腥、增香，有利于咸、甜等各种味道充分渗入菜肴中。佐料酒之所以能起到这种作用，一是因为酒类中的乙醇具有挥发作用，能使肉类中有腥膻味道的蛋白和胺类物质挥发掉，在去

料 酒

除腥膻味道的同时，还不会破坏肉类中的蛋白质和脂类；二是因为佐料酒中含有较多的糖分和氨基酸，它们能够起到增香、提味的作用。

加工

取适量花椒、大料，洗净备用。把洗净的花椒、大料放入锅中，加入适量水，再加入姜片，点火煮开。加入佐料酒和白酒，并放入少许糖，煮10分钟，停火即可。待汤汁晾凉，捞出调料，倒入瓶中，自制的料酒便成功了。

五、食用注意

（1）烹调时要适时加佐料酒，过早过迟都达不到去除异味的效果。

（2）佐料酒用量要适宜，过多或过少都会影响口感。

（3）乙醇过敏者宜少在菜肴中加佐料酒。

佐料酒的前世今生

史料记载，佐料酒在我国的应用已有上千年的历史，但之前的佐料酒含义和现在有点不同。

那会儿佐料酒是烹饪用酒的统称。黄酒、汾酒、白酒都可称佐料酒。其中，黄酒作为我国最古老的酒种迄今已经有6000多年的历史。

但人们经过长期的实践、品尝发现，不同的佐料酒所烹饪出来的菜肴风味相距甚远，而以黄酒为酒基配以香辛料精制而成的佐料酒为最佳，这种佐料酒也就是现在人们经常使用的佐料酒，大抵是清朝末年的产物。

黄酒可直接饮用，也可温烫至38～40℃时饮用。

加温后的黄酒，酒精度降低，因此变得更加香醇厚实，容易入口。除了直接饮用以外，它还是烹调肉类鱼虾时的一种调味品，可以去腥增香，像醉蟹、醉虾、花雕醉鸡这些传统名菜都是用黄酒烹调而成的。

以黄酒为酒基的佐料酒中，又以浙江出产的为上等烹饪佳品。在清朝咸丰年间创办的中华老字号“老恒和料酒”，已经有160多年佐料酒的酿造历史了。以陈酿黄酒作为酒基，添加多种植物香辛料，选取湖州大米，采用先秦古乌程酒配方酿造黄酒，再封坛5年以上，制得的佐料酒香气很浓，做出来的菜味道鲜美。

糖

春余甘蔗榨为浆，色弄鹅儿浅浅黄。
金掌飞仙承瑞露，板桥行客履新霜。
携来已见坚冰渐，嚼过谁传餐玉方。
输与雪堂老居士，牙盘玛瑙妙称扬。

——《糖霜》（元）洪希文

一、物种本源

糖（Sugar），由禾本科植物甘蔗（糖蔗、果蔗）或藜科甜菜属植物的根茎汁液精练加工而成，呈白色，晶体状，为双糖结构，由葡萄糖、果糖分子组成，有多种别名，如白糖、石蜜、糖霜等。无论是粗砂、细砂，还是绵白糖，以糖晶体均匀、干燥、松散、色泽一致、不带杂色者为佳。甘蔗在我国福建、台湾、四川、重庆等地广泛栽植。糖萝卜主要栽培区域在东北、华北及西北地区。

二、营养及成分

每100克砂糖所含主要营养成分见下表所列。

热量	400 千卡	钾	5 毫克	锰	0.1 毫克
碳水化合物	99.9 克	镁	3 毫克	锌	0.1 毫克
钙	20 毫克	铁	0.6 毫克	胡萝卜素	0.1 微克
磷	8 毫克	钠	0.4 毫克		

三、食材功能

性味 味甘，性平。

归经 归脾、胃、肺经。

功能

（1）《中医大辞典》记载：“（糖）清热，生津，润燥，解酒。”

（2）糖有清虚热、健脾胃、止呕逆、生津液、止口渴、和中缓急之效，对热病伤津、心胸烦热、口干口渴、反胃吐食、痰喘咳嗽、痈疽疮疡等症辅助疗效佳。

(3) 白糖和冰糖：可祛燥火旺盛，有清热消炎功效。这些年，国内外大量研究者通过实验证实，白糖对多种溃疡、伤口感染、脓肿等具有良好的治疗效果。这主要是由于其可调整创口处血液的酸碱度，增加上皮组织生理活性，提供营养物质，通过加速血液流动减缓细菌繁殖速度，加快细胞生长，从而达到促进伤口愈合的功效。

(4) 红糖：甜味、温性，可入药，为常用中药材之一，拥有益气化食、健脾胃的功效，同时具有良好的活血祛瘀和镇痛除寒效果。产期、经期女性饮用红糖水对身体有益，可缓解痛经、身体不适等症状。其还可作为广泛的药引。

(5) 葡萄糖：如今被广泛应用于临床治疗，尤其在抢救重病患者时，为必备法宝，静脉注射可直接提供营养物质和大量热能，起到解毒、强心、利尿的作用。当患者因手术等情况不可直接进食时，常以其提供营养，保障身体机能，同时具有预防手术麻醉中毒、减少出血量等

糖

作用。口服葡萄糖是直接提供营养的重要手段，当幼儿发育不良时可使用。肝炎及重病患者可使用。

（6）饴糖及多种水果糖：有多种类型，如酥糖、芝麻糖、高粱饴糖等，其制作原材料多为麦芽糖或淀粉糖，为常用中药材之一，拥有益气补中、健脾胃的功效，可润肺止咳、补身体虚寒，常被用于治疗十二指肠溃疡等，功效较好。然而，湿热内郁、中满吐逆、牙病、疳病人群须禁食。

糖

四、烹饪与加工

烹饪

白糖是人们普遍食用的糖类之一，甜度适中，食用方式多样。红糖溶于水后呈淡红色，可用于烹饪菜肴，亦可以温水冲泡后制成红糖汁，可口怡人，适宜经期女性服用。而白糖并没有颜色，属于无色有味的制品，可以放到各色食材中进行甜度的调味。儿童不可过多食用白糖。红糖呈热性，常与姜搭配食用；白糖呈温性，能够搭配的食物非常广泛。

加工

（1）压榨前的甘蔗预处理

首先通过机械设备使甘蔗充分撕裂破碎，再压制出其中的糖水。因刚收割时甘蔗带有较多的沙石等杂质，要经洗涤出沙后，才能进行破碎。

（2）压榨

首先需借助压缩机组，对甘蔗进行重复压榨，使其糖水充分渗出，然后经过渗浸工艺提炼其中的糖分。在这个过程中，需及时分离和转运蔗渣，以免堆积过多影响机械正常运转；同时，应及时隔除蔗屑，并送回压蔗机再次加工。

（3）蔗汁的清洗

经压榨阶段所得的混合汁较为浑浊，颜色暗绿，除蔗糖外，还包括多种非糖物质，如不可溶的蔗屑、泥土和可溶的盐类、胶体物质等。因此，须对其中无用杂质进行清除，常用方法为加入药剂，沉淀杂质，然后进行分离，以获得透彻的汁液。

（4）蔗糖的结晶

将清汁进行蒸发、浓缩后可获得糖浆，即为粗糖浆。必须再进一步加以浓缩使之析出结晶。煮成的结晶和糖蜜的混合物称为糖膏。下一步便是助晶，具体流程为去除糖膏后继续冷却，使其再次浓缩、完全析出结晶。这个过程可见结晶体明显变大。此时，进入蔗糖生产的最后一个流程，将助晶糖膏置于高速离心机，使其中的蔗糖晶体和糖蜜分离，便可得到白砂糖，干燥除去杂质后，按相关标准加工即得成品。

五、食用注意

（1）肥胖者及糖尿病、高血脂、冠心病、脘腹胀满、痰湿、多痰、麻疹等患者应尽量少食或不食。

（2）长期嗜食高糖有以下危害：降低人体免疫力和抗病能力，因糖是酸性的。摄取过多，导致胃酸过多，易引发胃溃疡等病。多余的糖在体内会转化成脂肪，导致体胖。长期嗜糖会使胰岛素代谢失常，引发糖尿病。长期过量摄糖，能使血中的胆固醇、甘油三酯增多，并沉积在血管壁上，可导致心血管疾病。多糖不比多盐、嗜烟的危害小。嗜糖使人体呈偏酸性体质，对癌变抵抗能力差。服药时掺和糖会降低药效。儿童长期摄入过量的糖，会降低食欲，造成营养不良，影响智力和身体的发育。中老年人长期摄入过量的糖对骨骼无益，因此，适量食用糖对人体健康有益，超出“度”则无益甚至有害。

（3）不要在空腹、饭前、睡前、牙痛发炎时吃糖。

（4）吃糖应警惕螨虫。糖保存时间长，有可能生有一种人眼不易发现的小虫——螨。应把糖放在通风干燥的地方，且保存时间不可过长。

糖在我国民间的传说

相传孙悟空在大闹天宫前，是可以出入天庭的。但他不能安分守己，到了天庭总是喜欢东瞧瞧、西看看，边走边摸。

他来到天庭的酸、甜、苦、辣、咸五味仓库，抓起一把苦，丢向青海湖，使湖水苦咸，鱼虾不生；他抓起一把酸，扔向山西，使山西黎庶喜吃酸醋；他抓起一把盐，洒向东海，使海水咸得人不能饮用；他抓起一把甜，手一松，飘向闽粤大地，使原来空心的苦芦苇变成实心的甜甘蔗。人们将甘蔗汁榨出，经熬煮结晶变成现在的糖，让天下大众都能尝到甜。

酱

十月可酿酒，六月可作酱。
儿曹念乃翁，左右日供养。
比邻有老疾，亦复致一饷。
老老以及人，此义古所尚。

——《杂感五首（其二）》
（南宋）陆游

一、物种本源

酱（Sauce），是用豆类、面粉、麸皮蒸煮发酵或人工种曲，经天然曝晒，加精盐、水制成的糊状调味品，又名醢酱，简称醢。早在西汉史游的《急就篇》中就有记载，酱是由豆类和面类加工而成，以味道鲜美、纯正、协调者为佳。我国各地均有生产。

二、营养及成分

每100克豆瓣酱所含部分营养成分见下表所列。

热量	178千卡	膳食纤维	1.5克	核黄素	0.5毫克
碳水化合物	15.6克	钠	6012毫克	维生素E	0.6毫克
蛋白质	13.6克	钾	772毫克	视黄醇	46.6微克
脂肪	6.8克	烟酸	2.4毫克	胡萝卜素	15.9微克

三、食材功能

性味 味咸（辣酱辛、咸），性寒。

归经 归脾、胃、肾经。

功能

（1）《名医别录》记载：“（酱）清热解毒，除烦（辣酱可去湿寒）。”

（2）纯酱，味略咸，带甘味，寒性，具除热、解毒之效。对蜂虫咬伤及水、火烫伤有辅助消炎、缓解疼痛之效。

（3）豆瓣酱具有生血功能，益脾胃，能够提升免疫力，并可补虚益肾等，对疾病有辅助康复效果。

四、烹饪与加工

烹饪

（1）鱼香鸡丝

选优质鸡胸脯肉适量，清洗干净后切成细丝状，配以鸡粉、淀粉、料酒搅拌均匀；冬笋切丝，用水焯熟；豆瓣酱、泡辣椒剁细。取适量酱油、糖、醋、淀粉、鸡精，加水调制成汁。

热锅，加入适量油烧至四成热，加入切好的鸡丝翻炒，待其分开变白盛出备用。加入少量油烧熟，依次下泡辣椒、豆瓣酱、葱、姜、蒜，爆炒出香味；此时加入鸡丝、冬笋翻炒均匀；下调味汁快速翻炒，使其均匀包裹食材，待熟透即可出锅。

（2）豆瓣鱼

做豆瓣鱼首选鲤鱼，切片抹盐勾芡备用，红海椒切段，花椒、姜切片，大葱切段，蒜切片备用。下菜籽油，油温最高时加入一点猪油，猪油化开后再转小火，下鱼肉划一下，鱼肉变色就起锅，锅里留油，大火下豆瓣、海椒、花椒、姜、蒜，快炒出香味（豆瓣千万不能炒煳，否则菜的品相就不好看了，而且鱼肉有苦味也不好吃）加适量水，倒入鱼肉、大葱段小火焖煮，起锅时锅内留部分汤汁，大火勾芡加一点点酱油，然后浇在鱼肉上。

酱

加工

选1斤优质黄豆，洗净后置于清水中浸泡一天，次日煮熟、煮烂。煮的时间尽量长一些。捞起沥干水，凉透。凉后，拌入半斤生面粉，拌均匀，用手抓起来能基本成形即可，摊到一个底部能透气的竹编或席子上，一手掌厚即可。盖上棉絮或别的遮盖物，最好盖严实一点。然后放阴凉处发酵，发酵时会产生热量，第三日或第四日当黄豆表层产生黄斑、白毛之时，发酵即已完成。这时温度很高，要进行散热，拿掉上面的遮盖物，可以把黄豆块翻个身，掰成小块，散热。回到常温后，即可拿到烈日下暴晒，晒得越干越好，至少晒三四天。晒干的黄豆有一股奇特的香味。如果希望马上制作豆瓣酱，可取提前烧开的净水1斤凉至常温，将盐与黄豆拌匀，逐步加水，浓厚程度可自行掌握。此时，无须添加其他原料，需控制好加水量，干湿需合适。具体可参考市场售卖的豆瓣酱干湿程度，略稀即可。搅拌均匀后可将其装入玻璃瓶中，装瓶时不可装得太满，应留下1/4左右的空间，否则后期膨胀可能溢出。往瓶内加一二两香油，然后密封，放到阴凉处存放两周或更长时间，密封存放越久越香。豆瓣酱香味较浓时便可食用。这种方法简单，无须管理，但不及晒制的口感好。将装好瓶的豆瓣酱放在烈日下晒，上面用纱布遮盖防虫，不要密封，晒得越透越好。中间可以品尝一下，看成熟没有。这时如遇上阴雨天，要加盖防水。用晒制的方法制酱，发酵充分，越晒越香。如果酱太干，可以用加盐的凉开水稀释。

酱

五、食用注意

（1）服用抗凝血药时不应食用。豆瓣菌体可在肠道内生成维生素K，减弱甚至抵消抗凝血药的功效。

（2）不宜食用贮存不良的豆瓣酱。豆瓣酱保存时需将容器清洗干净，置于干燥阴凉处，否则可能变质，失去香味，并感染致病细菌和微生物。食用之后存在染病风险。

（3）服用地高辛药时不宜食用。地高辛进入血液后会导致心肌剧烈收缩，使细胞膜释放钙离子，而豆瓣酱为高含钙物质，同时服用宜诱发心律不齐等不良后果。

一碗酱与黄猫的官司

传说，江苏大丰城郊一家单姓母子相依为命。儿子已过而立之年，才找了一位利嘴姑娘为媳妇。按风俗，利嘴姑娘过门三朝要回门，临行前叫婆婆为她看好婚嫁衣饰，别被老鼠咬坏了。婆婆一听，心想，这老鼠太多，在夜深人静时活动猖狂，怎么办？于是向隔壁蛮妈妈租了个小黄猫。

蛮妈妈要租金五钱银子一夜。单婆婆想，五钱就五钱，落个安宁。租猫三夜，共付了一两五钱银子。单婆婆把小黄猫送入新房中，可就在她关门时，猫也跟着往外跳，被门给夹死了。

单婆婆知道蛮妈妈不是“省油灯”，不知要讹多少银子呢。于是她坐在地上，一边呆呆地望着死黄猫哭，一边为利嘴姑娘看老鼠。

第三天下午，利嘴媳妇从娘家回来，看到婆婆哭得浮头肿脸，旁边还躺着一只死黄猫。问明缘由后，她问婆婆：“蛮妈妈可欠我家东西？”婆婆哭着说：“蛮妈妈欠我家的东西不值钱。只一碗酱，一只破笆斗，还欠一把香，其余没有了。”

利嘴媳妇安慰婆婆说：“有这些就够了，等蛮妈妈来讹你，我自有办法。”

说曹操曹操到，蛮妈妈见状忙把黄猫抱在怀中，假装放声号哭，嘴里数落道：“伤心的宝猫呀，死得好惨啊！你活着时多威武，日间赛蛟龙，夜间赛猛虎。去年识宝人出价五千五百两纹银，我都没舍得将你嫁出去。早知今日死于非命，不如将你跟了收宝人，我也发财了。”哭完后，放下死猫，非要单婆婆赔她纹银五千五百两，少一个子儿也不行。

利嘴媳妇上前劝道：“妈妈有话说话，夹死您家的猫是要赔的。”

蛮妈妈破涕为笑道：“能赔就好！”

利嘴媳妇道：“赔猫归赔猫，但我们两家要互相把账算一下。”

蛮妈妈不解地说：“怎么个算法？”

利嘴媳妇笑道：“妈妈听好了，在我未过门前，我婆婆说你家欠我家一碗酱，这是天宫天厨星亲手酿造的，是留做新酱时发酵的窖引子。”

蛮妈妈说：“一碗酱就是金酱也赔得起。”

利嘴媳妇说：“妈妈说起来倒轻巧，我家这碗出于神仙手，只要在菜肴中放针尖大一点，就五味调和味不杂。当朝御膳房总管出价八千八，减去赔猫金五千五，妈妈还要倒找我家三千三呢。”

蛮妈妈吓得目瞪口呆，结巴了半天才说出：“一……一碗酱，哪值这……这么多银子？”

利嘴媳妇说：“这妈妈就不懂了，这酱吃了以后效用可大呢！皇帝吃了勤理政。三宫六院七十二妃吃了百病消。武官吃了力气大，出征打仗不骑马。文官吃了智力高，公务出门不乘轿。”

蛮妈妈听了气得身子直扭。利嘴媳妇说：“妈妈身子不要扭，还欠我家一只斗。”

蛮妈妈气得朝利嘴媳妇瞪着眼睛望。利嘴媳妇又说：“妈妈不要朝我望，还欠我家一把香，这香是专门用来敬玉皇。”

争执不下，三人来到大丰县衙同时击鼓申冤。耿知县升堂问话：“你们三人状告何人？谁是原告？谁是被告？”三人齐说都是原告，求大老爷为自己做主。公堂上闹得难解难分，弄得耿知县丈二和尚摸不着头脑。耿知县见状，忙把惊堂木一拍道：“老爷本姓耿，今年才上任。碗酱黄猫事，一概都不问。退堂！”

最后，一碗酱与夹死一只黄猫的官司不了了之。

蚝油

春潮暮落海门山，百艇齐飞牡蛎滩。
分得鱼虾归野市，满江鸥鹭夕阳间。

——《题如画轩》（南宋）潘朝英

一、物种本源

蚝油（Oyster sauce），是用蚝熬制而成的调味料。蚝油是广东地区常用的传统鲜味调料，也是调味汁类最大宗产品之一。它以素有“海底牛奶”之称的生蚝（牡蛎）为原料，经煮熟取汁浓缩，加辅料精制而成。很多人以为蚝油是油脂的一种，其实蚝油跟酱油一样都不是油脂，而是一种调味料。蚝油的制作程序繁多，最重要的步骤是用水将鲜蚝煮至理想黏度，此步骤亦是最花时间的程序。优质的蚝油应带有蚝的鲜味。

二、营养及成分

蚝，又名牡蛎。可鲜食，加工干制即成蛎豉，还可制成罐头、蚝油、蚝粉等。我国北方沿海及广东地区均有生产，分为人工养殖和天然生长两种。北方生产的个头小，广东生产的个头大。

每100克北方牡蛎含水分80克、蛋白质11.3克、脂肪2.3克、碳水化合物4.3克、钙118毫克、磷178毫克、铁3.5毫克、维生素A 133国际单位、核黄素0.2毫克、尼古酸1.6毫克等。

每100克福建牡蛎含水分80克、蛋白质4.8克、脂肪2.8克、碳水化合物10.7克、钙165毫克、磷11毫克、铁1毫克、维生素A 1500国际单位、核黄素0.2毫克等。

三、食材功能

性味 味咸、涩，性微寒。

归经 归肝、肾经。

功能

（1）蚝油是一种使用范围极为广泛的调味品，人们在做很多食物的时候都可以用到蚝油，比如拌面、拌菜、煮肉、炖鱼或者做汤，再比如烹饪蚝油牛肉、蚝油鸭掌、蚝油鸡翅等时，都非常合适。蚝油在近年来受到我国各地消费者的喜爱。吃蚝油可以补充丰富的氨基酸和微量元素，它还是补锌的理想调味品。

（2）蚝油含有丰富的微量元素和多种氨基酸，锌元素含量较高，是缺锌人士的首选膳食调料。蚝油中的各种氨基酸含量相对均衡，其中，谷氨酸含量是总量的一半，它与核酸共同构成蚝油呈味主体，两者含量越高，蚝油味道越鲜美；蚝油富含牛磺酸，具有增强人体免疫力等多种保健功能。

四、烹饪与加工

烹饪

蚝油的食用方式简单，需增加咸味时，直接根据口感加入适量食盐即可。以往，耗油主要在广东等地区广泛流行。如今，随着生活条件不断改善，不同地区饮食文化交流日益密切，越来越多的地区和民众将其视为调味佳品。随着我国饮食文化和餐饮业的不断向外输出，更多的国外民众也爱上了耗油，其销量也与日俱增。如何挑选优质的蚝油？具体而言，可从以下四个方面着手：一是看状态，以稀糊状为佳，不可太黏；二是看颜色，色彩光亮者为佳；三是闻气味，好的耗油带有一种特殊的酯香味，有焦煳味、苦

蚝　油

涩口感者为次品；四是尝味道，以入口有油样滑润感者为佳。耗油即使长期存放也不会出现分层情况，更不会看到淀粉析出。根据调味程度的差异，耗油有两种类型，一是淡味型，二是咸味型。当前，市场上比较出名的品种有沙井蚝油、深井蚝油等。

蚝　油

加工

将生蚝洗净后直接放锅里，不放水，慢火煮。加入豆瓣酱，继续煮，再加少许生抽调味。熬至浓稠状后加少许盐，更易保存。待汤汁浓稠颜色变深时，盛出生蚝，可以留着做菜用。汁留下继续煮。喜欢辣味的可以加一点辣椒粉，煮好后用容器装起来。

五、食用注意

（1）蚝油是用牡蛎为原料，经过煮熟取汁浓缩再加上辅料制成的。牡蛎属于海鲜，嘌呤含量比较高。一般高尿酸血症、痛风人群，一定要严格控制嘌呤的摄入。这类人群食用过量的蚝油之后，可能会诱发痛风，出现关节红肿、发烫、疼痛、不能正常活动等症状。

（2）在蚝油的制造过程中，为了提鲜，还会添加白砂糖，因此，高血糖、糖尿病患者应注意蚝油的食用量。

（3）蚝油中的盐分含量也高，许多人做菜除了放蚝油，还会额外加盐、酱油等调味料，这样一碗菜的盐分含量就比较高了，高血压患者长期这么吃，可能会导致盐分摄入过多而引起血压升高。

蚝油的起源

蚝，即牡蛎，是一种海洋软体动物，肉质鲜美，营养丰富，遍布于我国南方沿海地区。

1888年，在广东珠海南水乡，一家小小的家庭作坊悄然成立，主要出售一种新款调味料——蚝油。作坊的主人李锦裳，生于1868年，祖籍广东新会七堡镇涌沥村，他幼年丧父，与母亲蔡氏相依为命，务农为生。因为见义勇为，得罪了当地恶霸土豪，受到了他们的迫害，于是他背井离乡，辗转来到珠海南水定居。

南水是珠江口的一个小岛屿，盛产生蚝。李锦裳为补生计，开设了一间小茶寮，在小茶寮煮蚝出售。

一日，李锦裳与往日一样生火煮蚝。因忙着别的事，出门忘记照看，很长时间后，传来浓烈香味，他赶忙跑回来，心里想：坏了，恐怕煮煳了！他揭开锅盖一看，呈现在他眼前的，竟是厚厚一层沉于锅底、色泽棕褐的浓稠汁，香郁扑鼻，引人食欲。

于是他用勺子舀了一点放在嘴里品尝，顿觉美味无比。无意间，一种新的调味品——蚝油，就这样诞生了！

真是“无心插柳柳成荫”“得来全不费工夫”！李锦裳抓住这个机会，灵机一动，专门熬制这一新款调味品出售，并于1888年正式成立李锦记蚝油庄。

豆豉

肉豉传方出异庖，玉盆凝就破昆刀。
纵横碎渍氍毹锦，莹洁光翻琥珀膏。
暖入饧华防性爽，味方禁脔想京鏖。
年高厌饫便便腹，不负吾坡养老饕。

——《肉豉》（元）王恽

一、物种本源

豆豉（Fermented soya bean），是以黑大豆或黄大豆为主要原料经发酵等工艺加工而成的调味品。

目前，市面上售卖的豆豉种类主要包括淡豆豉、清豆豉、咸豆豉、炒香豉等。购买时，应选择油润光亮、无异味、酱香浓烈、颗粒饱满、黄褐色者。

豆豉四季可产，我国各地有售。

二、营养及成分

每100克豆豉所含主要营养成分见下表所列。

热量	259千卡	镁	202毫克	烟酸	1毫克
碳水化合物	34克	磷	43毫克	铜	1毫克
蛋白质	24克	维生素E	41毫克	视黄醇	23微克
膳食纤维	6克	钙	29毫克	胡萝卜素	10微克
脂肪	3克	铁	4毫克	硒	5微克
钾	715毫克	锰	3毫克		
钠	264毫克	锌	2毫克		

三、食材功能

性味 味苦，性寒。

归经 归肺、胃经。

功能

(1)《本草纲目》记载：“（豆豉）清热解毒，调中发汗，通关节，杀腥气。”

（2）豆豉解表，除烦，宣发郁热，带苦味，寒性、无毒，在治疗伤寒头疼、寒热、恶毒瘴气、胸闷、脚痛发冷等方面具备一定功效。煮至沸腾后食用，能够治疗血性腹泻、腹痛，可解毒除胀、顺气，可入药。

（3）豆豉所含的营养物质丰富、种类多样，包括蛋白质、维生素和矿物质等，更含尿激酶，可溶解血栓；其蕴含大量有益人体健康的细菌，可在人体内生成维生素B、抗生素。此外，豆豉的氨基酸衍生物对人体肠道内的一些酶具有抑制效用，可减少人体对糖分的吸收。

四、烹饪与加工

烹饪

（1）豆豉草鱼

选取大小适中的草鱼一条，去掉鱼鳞、脏腑等不可食用部分，洗净控干水分，加入盐、料酒、胡椒粉、味精涂抹均匀后腌制30分钟左右；葱、姜、蒜切成碎末备用。取里脊肉适量切丁，加入豆豉、辣椒、葱蓉、姜末、蒜蓉、酱油，均匀地撒在草鱼上，放置锅中，以大火猛蒸至刚熟即可。将七成熟热油浇上，美味豆豉草鱼做成。

豆 豉

(2) 炒藕片

莲藕去皮洗净，切成薄片。准备好蒜末、豆豉、辣椒圈备用。热锅，下适量油烧热，依次放入调料爆炒出香味，下藕片，再添加少许清水，转大火翻炒至变色熟透，加盐、生抽调味即可。若是撒上适量的葱花，味道将更加鲜美。

加工

黄豆用清水泡上半天。大半锅清水大火烧至沸腾，把黄豆洗干净倒进锅里继续旺火烧开，然后把火调小一点，慢熬至黄豆变为软绵绵状，差不多把水熬干，然后稍等片刻。事先准备好竹篮子一个，把黄豆捞起放到竹篮子里，目的是把水沥干，再以树叶或竹编的器物覆盖遮光，放置于阴凉处发酵。黄豆不能碰到油，大概放置一两天，然后用筷子搅拌一下，看到黄豆中有丝条，就可以进行下一步了。把黄豆倒进干净的陶瓷大钵里，加适量的食盐和烧酒，搅拌均匀后放在太阳底下晒。晒上1～2周，把豆豉装进干净、干燥的瓦罐里，密封即可。

豆 豉

五、食用注意

体质虚寒人群应尽量少食用。

豆豉的传说

传说很久以前，罗定有一位财主特别喜爱煮黄豆吃，每天都要煮上一锅。

有一次，煮好豆后，一家人突然因急事外出，几天后才回来。回家后，财主立即就想起那锅煮好的黄豆。

岂料揭开锅盖，锅里的黄豆已经长满一层白毛。

财主看到连连搓手说："可惜，可惜。"

老婆却毫不介意，骂他："有什么好可惜的，不就是一锅臭豆？值不了两文钱，扔了算啦。"

财主还是觉得有点可惜。正巧有一位乞丐来行乞，财主一看大喜，不如把生了白毛的豆施舍给乞丐，既得了乐善好施的名声，一锅豆又不会扔了可惜。

财主便将长满了长毛的黄豆全部给了这位乞丐。

乞丐看到财主突然施舍了一锅煮熟的豆给自己，虽然豆子颜色看起来有点怪怪的，但可以几天不用饿肚皮了，便欢天喜地地走了。

乞丐便将豆洗干净，凉晒干后，加盐，用一个瓦罐装好并盖严备用。

正好附近举办醮会（庙会）。一连几天，乞丐讨到不少饭菜，也顾不上吃这些煮豆。

庙会结束后，他打开缸盖，顿觉一阵芳香扑鼻而来。熟豆变成了有香味的豆。豆的底下还有一层乌黑的油，味道还挺鲜美。

他拿了这些豆豉到财主的厨师那里，叫他尝一尝味道，故意问他："大师傅，你知道这些东西是什么吗？"

厨师抓了一把，放在口中嚼了嚼，觉得味道不错，并用这些豆豉配了几道菜。

财主品尝后，连连赞好，于是留乞丐在他家做长工，专门制作豆豉。

财主问乞丐这些是什么东西。乞丐想起财主故意把变霉的豆施舍给自己吃，心里有点气，就故意说，这是“豆屎”。

乞丐本来缺牙，说话发音不准，“屎”与“豉”的发音相差不大。

厨师一听乞丐说是“豆豉”，名称不错，连连点头说：“豆豉，好！好!”

后来这位乞丐在财主家干了几年，攒了点钱，就自己办了个豆豉作坊，专门制作豆豉卖。

这虽然是一种传说，但听来仍觉可信。

勾芡淀粉

破麦麸皮是前身，涤表提筋浆淀成。
太真空门耳目掩，素餐留粉扮美人。
赤里透皂桃花香，睿宗三子不思政。
千秋功罪谁评说，九天仙女下凡尘。

——《面精淀粉》（清）陈尚则

一、物种本源

勾芡淀粉（Starch），为许多葡萄糖分子缩合而成的多糖。勾芡淀粉的制作原料以木薯、小麦、大米、玉米为多。勾芡淀粉是植物体中贮存的养分，主要集中在种子和块茎中。大米中含淀粉62%～86%，麦子中含淀粉57%～75%，玉米中含淀粉65%～72%，马铃薯中则含淀粉超过90%。淀粉是食物的重要组成部分，咀嚼米饭等时感到有些甜味，这是因为唾液中的淀粉酶将淀粉水解成了二糖。食物进入胃肠后，还能被胰脏分泌出来的淀粉酶水解，形成的葡萄糖被小肠壁吸收，成为人体组织的营养物。支链淀粉部分水解可产生称为糊精的混合物。

二、营养及成分

每100克勾芡淀粉所含主要营养成分见下表所列。

营养成分	勾芡淀粉种类					
	玉米	大米	小麦	土豆	豆子	番薯
水分（g）	10	12	13	79	68	77
能量（卡）	1528	1528	1369	322	615	360
蛋白（g）	9.4	7.1	12.6	2	13	1.6
脂肪（g）	4.74	0.1	1.5	0.1	6.8	0.1
碳水化合物（g）	74	80	71	17	11	20
纤维（g）	7.3	1.3	12.2	2.2	4.2	3

三、食材功能

性味 味甘，性平、微凉。

归经 归胃、脾经。

功能

（1）《饮食须知》记载："（勾芡淀粉）养心，安神，除热。"

（2）勾芡淀粉为麦麸洗涤之粉，有除烦、止血、利小便、润肺燥之功，还有嫩肤、除皱、祛斑等功效。

（3）勾芡淀粉为小麦加工面粉后的副产品，经洗涤面筋后粉浆的沉淀物，对缓解动脉硬化、习惯性便秘、更年期综合征、慢性支气管炎、神经衰弱等症有辅助作用。

四、烹饪与加工

烹饪

日常生活中做菜用的淀粉一般是马铃薯淀粉，做鱼香肉丝、糖醋排骨的时候就会用到勾芡，可以说勾芡是烹调的基本功之一。不同的菜需要芡汁的浓度不同，一般来说，淀粉和水的比例是1∶4。调芡汁时应该根据做菜的量与菜的含水量来控制芡汁的浓稠度，菜含水量多的，芡汁

淀　粉

可调得黏稠些，反之则稀薄。勾芡的目的之一是为菜品增鲜、美形，因此需要勾芡的菜不要放太多油，不然芡汁不易黏附到菜品上。勾芡的方法有四种，是根据芡汁的浓稠度来分的，分别是包芡（粉汁最稠，包裹在菜品上，盘底不留汁）、糊芡（比包芡稀，把菜汤变糊状）、流芡（较稀，增加菜的色泽和光泽，芡汁菜上有、盘子里也有）、奶汤芡（最稀的，使菜汤变浓一点点的样子）。

加工

马铃薯洗净削好皮，用磨蒜板磨成泥。装马铃薯泥的盆中要加少许水。盆上放一个筛网，筛网上放纱布，如纱布网眼大，可叠四层，网眼密的可以少叠或不叠，也可以直接用细目的筛网，只要在滤出水时马铃薯泥不漏出即可。把马铃薯泥倒在纱布上，这时，会有水漏到盆里。等水漏得差不多了，提起纱布，把马铃薯泥中的水挤出。然后再在马铃薯

淀 粉

泥里加水，搓揉，重复步骤，直到挤出的水变清。静置5个小时以上，倒去盆表面暗红色的水，留在盆底的白色粉末即是马铃薯淀粉。450克的马铃薯能做出45克的淀粉。

五、食用注意

糖尿病患者少食勾芡类菜肴为好。

淀粉的传说

据史料记载，淀粉的使用，始于唐代。当时只是用于女儿家化妆。

相传，杨玉环（719—756）原本是唐玄宗李隆基（685—762）儿子寿王李瑁（？—775）的妃子，在一次朝见中，被李隆基看中。

天宝四年（745），杨玉环被封为贵妃，当时李隆基已年近花甲。为遮人耳目，在封贵妃之前，杨玉环被送到太真宫做女道士，道号“太真”。

杨玉环做女道士期间，在太真宫中多以素食为主。宫中道人常用小麦磨面粉后的麸皮洗出面筋做菜，而洗后的浆水多弃之不要。

杨玉环自幼爱打扮，将提取面筋后的白浆沉淀、晒干、碾碎，涂扑于手部和面部，用以增白，再于每日餐后洗漱，用嘴咬红纸涂唇，这样打扮起来不但娇艳而且光彩照人，加之杨玉环生来嫩白而偏胖，更是受到当朝皇帝李隆基的特别宠爱。

至于淀粉用于菜肴的勾芡，经查则是宋代大美食家苏东坡的杰作了。

腐乳

才闻香气已先贪，白褚油封由小餐。
滑似油膏挑不起，可怜风味似淮南。

——《豆腐乳》（清）李调元

一、物种本源

腐乳（Fermented bean curd），也被叫作酱豆腐、豆腐乳，是一种以大豆为主要原料经发酵等工艺制成的豆制食品。消费者在购买时，应选择色泽正常、形状整齐、无异味者，此类豆腐乳咸淡适宜、口感鲜美。在我国，腐乳有着悠久的历史，其生产工艺可追溯至1000年以前。如今，我国各地均有生产，味道特色各有千秋。按口味差异，总体可分为3类，即咸味、甜味和辣味。

二、营养及成分

每100克豆腐乳所含部分营养成分见下表所列。

热量	133 千卡	磷	74 毫克	锌	0.7 毫克
蛋白质	10.9 克	镁	75 毫克	铜	0.2毫克
脂肪	8.2 克	钙	61 毫克	视黄醇	68.3 微克
碳水化合物	3.9 克	维生素E	8.4 毫克	维生素A	22 微克
膳食纤维	0.9 克	铁	3.8 毫克	胡萝卜素	7.8 微克
钠	2460 毫克	烟酸	1 毫克	硒	1.5 微克
钾	84 毫克	锰	0.7毫克		

三、食材功能

性味 味甘，性温。

归经 归脾、胃经。

功能

（1）《随息居饮食谱》记载：“（豆腐乳）增食，助消化，健肠胃，除腥解腻。”

（2）豆腐乳可提升食欲、改善消化，对饮食无味、消化功能不好的人群有一定的缓解作用。

（3）豆腐乳属豆制品，口感细腻，极易消化，包含大量有益身体的营养物质。其富含的低聚肽类在预防衰老，调节血脂、胰岛素和胆固醇浓度，降低冠心病发病率等方面具有不错的效果，对身体健康十分有利。此外，其蕴含经黄酮发酵而成的苷元型异黄酮，药性更强，人体更容易吸收。

四、烹饪与加工

烹饪

做菜：烹制菜肴时加入豆腐乳，可提味，使味道更鲜美。

腌制：取适量豆腐乳揉碎，均匀涂抹于鱼身表面，静置腌制，待其味道完全进入鱼肉，再将其进行烧烤，味道更加鲜美。

火锅调料：涮火锅时，很多人喜欢在油碟中加入腐乳、麻酱、香菜，更将其称为“三宝”。

凉拌调味料：取适量豆腐乳，加入辣椒粉调制成蘸水，用来拌制凉菜，能让菜肴更加清脆爽口，同时兼具香辣鲜味。

加工

食材：老豆腐、盐、高度白酒、五香粉、糖、味精、红曲粉。

豆腐坯：选择豆腐时，应挑选韧性较足的老豆腐，以温水洗去表面杂质后，控去水分。将坯切块，大小约3~4厘米。把豆腐块一块块摆放至消毒盒内，注意需先垫一层纱布。摆放

腐 乳

时不可过密，相互之间应留出1厘米左右空隙。盖上盖子密封发酵，将温度控制在20～36℃，若室温过低或过高，可用烤箱、热水袋等保持温度；如果是冬天，可以放在暖气上。发酵20日左右，其表层会出现白色菌丝，形成一层具有韧性的皮膜，并有淡淡的腐乳味散发。其表皮若出现黄色黏液、拉丝，表明已有蛋白酶生成。此时，可进入搓毛腌制阶段。将相互粘连的菌丝分开，均匀涂抹，使其完全包裹在豆腐块上，然后加入由白酒等调制而成的腌料，放上一层保鲜膜，盖上盖子。室温下继续腌制10天左右，豆腐乳就制作完成，可随时食用。

豆腐乳

五、食用注意

（1）血压较高，患有心血管疾病、痛风者，以及肾脏功能、消化功能不良人群应尽量少食或不食豆腐乳。

（2）豆腐乳含有一些可致病病原体，体弱者食用前应高温蒸煮，时长以15分钟左右为宜。

清穆宗与“进京腐乳”

相传，清同治三年（1864），浙江海盐有位姓肖名兰谷的商人和别人合开了一家“鼎丰酱园”，生产酱油兼做腐乳。

因其腐乳质量上乘，价格便宜，深受市民欢迎。

当时南桥有一位在北京做官的人，一次返乡探亲时，听说鼎丰酱园酿制的腐乳风味别致，就要了些带到京城进献皇帝。

腐乳滋味鲜美、咸淡适口、质地细腻，得到清穆宗载淳（1856—1875）的赞赏，被封为御品。

从此，鼎丰酱园的老板就做了一块招牌，上书“进京腐乳”四字悬挂于店内大堂，至此进京腐乳的美名不胫而走，产品甚至远销海外。

咖喱

微甜似桂辣如刀，谲诡如斯费笔豪。
穷尽末梢知绝味，百香独此领风骚。

——《咖喱》（现代）关行邈

一、物种本源

咖喱（Curry），为一种复合调味品，粉状的称“咖喱粉”，加入植物油及多种油树脂变为糊状，此时便制成了“咖喱酱”或“油咖喱”。因配料不尽相同，故风味等亦有不同，但色泽均呈姜黄色。咖喱有各种香辛料的混合香味，略带辛辣味，以印度所生产者最有名，有“印度咖喱”之称。其配料众多，包含红辣椒、生姜、豆蔻、小茴香、肉桂、丁香等20余类，常作为烹饪菜肴时的调味料，用咖喱制作出的菜肴众多，很多颇负盛名，如咖喱牛肉、咖喱鸡等。

二、营养及成分

咖喱富含多种营养物质，如蛋白质、脂肪、碳水化合物、膳食纤维等，也蕴含多种维生素，如维生素A、维生素B_1、维生素B_2、维生素B_6、维生素B_{12}、维生素C、维生素E及烟酸，还含有10余种微量元素，如钙、铁、钾、钠、镁等。此外，还含有胡椒醛、柠檬烯、水茴香萜、齐墩果酸、三萜类化合物、桉树脑、芳樟醇、芥子酶、芥子碱等物质。（注：咖喱配方中的各种调味食材无硬性指标规定，只是在一定范围内，故其成分波动幅度较大。）

三、食材功能

性味 味辛，性温。

归经 归脾、胃、肝、肾经。

功能

（1）《中华膳海》记载：“（咖喱）温中除湿祛寒，开胃消食。”

（2）咖喱为一种复合调制品，所含原料众多，在祛除湿寒、疏通郁结、帮助宿食消化、通三焦、温脾胃、补左肾命门、止泻等方面均具有一定效用。

（3）咖喱为多种材料复合调制的加工品，其所含的微量元素、维生素、纤维素等种类众多，虽味道辛辣，却对口腔并无强烈刺激，对于人体肠内的不正常发酵具有抑制功效，可加快肠胃蠕动、增加消化液分泌，增强食欲。

四、烹饪与加工

烹饪

咖喱，很多时候也被称为“咖哩”，为一种复合酱料调制品，在东南亚地区被广泛使用于烹制菜肴，可与饭菜同时食用。

（1）咖喱羊肉

热锅，加入适量油烧熟，加入蒜、香叶大火爆炒出香味，添加咖喱粉，转小火，慢炒。另起锅放油，五成热的时候，把切块的土豆、胡萝卜放入，中小火炸2分钟，捞出备用。炸过的土豆和胡萝卜炖出来比较

咖　喱

香，而且可以缩短炖制的时间。锅内加入适量油烧熟，加入蒜末大火爆炒出香味，加入羊肉继续煸炒至变色，此时加入热水，用文火慢炖40分钟。加入事先炸好的胡萝卜、土豆翻炒均匀，再加入洋葱和炒过的咖喱，再用文火慢炖10分钟。待所有食物煮熟，猛火收汁并快速翻炒，以防粘锅。倒入少许椰浆和盐，待汤汁收到浓稠即可。

（2）咖喱鸡

鸡洗净后切成块，然后加入两汤匙料酒去腥、两汤匙酱油调味，再把生姜洗净切成片，放入鸡块中。拌匀后腌制半小时。腌制鸡块的过程中，准备辅料。热锅，放油，待油五分热时，放入切块的土豆、胡萝卜，中小火炸2分钟捞出。洋葱洗净去皮切块，准备少许生姜片。热锅，倒油烧熟，加入准备好的洋葱煎炸至变软，然后加入鸡块翻炒至鸡肉变白。此时放入炸过的土豆和胡萝卜，加姜片翻炒约2分钟，加入适量清水，清水的量能够淹没鸡肉即可。将咖喱加入快速翻炒均匀，盖上锅盖，猛火烧煮5分钟，再调为中火，焖煮15分钟。然后揭开锅，这时基本上水已经烧干了，再倒入牛奶250毫升，然后加半勺盐和小半勺糖，再用中火煮5分钟，就可以起锅了。

（3）海鲜煲

取青口适量解冻，清水洗净后控干水分；中虾（连壳）剔除虾线和长须后用清水洗净，控干水分；鲜鱿鱼切圈备用；洋葱切条，番茄切块。烧滚小半镬水，加入鱿鱼圈，焯水后捞出。将瓦煲烧热，加入3汤匙油烧熟，加干葱茸、咖喱酱，大火爆炒出香味，下青口、中虾翻炒均匀后，立即将洋葱、番茄、鱿鱼下锅，添加椰汁等辅料，大火烧至翻滚，加入芡汁搅拌均匀即可。

加工

（1）咖喱汁的制作方法

锅内放油，依次放入蒜、姜、洋葱，加水，熬至洋葱脱水，放入香料，再熬约2个小时后，投入咖喱粉发制，再加入水，煮约2小时

咖 喱

即可；取适量事先准备的咖喱汁，再配以淡奶、椰浆和少量咖喱粉烧至沸腾即可。

（2）咖喱酱的制作方法

取蒜、姜、洋葱适量，洗净去皮，切成细末；准备干净的番茄切成小块；砂锅烧热，下适量色拉油烧至六成熟，依次放入蒜、姜、洋葱细末，煎炸至金黄色，下咖喱粉，调为小火慢炒至香味溢出；此时，再将番茄下锅，炒出汁水；加盐、花生酱和椰蓉翻炒均匀后倒入适量清水，煮沸后调为小火熬制2小时左右，待其变为稀糊状，就制成了咖喱酱；起锅装入容器，再浇上香油封盖保存，随时都可取用。

（3）咖喱油的制作方法

取蒜、姜、洋葱适量，洗净去皮，切成片状；取香叶适量，用清水洗净；砂锅烧热，下花生油烧熟，再依次放入事先准备好的姜、洋葱，煎炸至香味溢出，再下蒜、咖喱粉、香叶翻炒，等到香味弥漫，过滤掉渣滓，咖喱油便制作成功。

五、食用注意

（1）凡阴虚、燥热、湿热、多汗者及孕妇，不宜多食咖喱。

（2）患有食管炎、胃肠炎、胃溃疡、痔疮人群尽量少食用，禁食最好。

（3）高血压、肺结核患者应慎食。

咖喱本不叫“咖喱”

你知道吗？其实咖喱原本并不叫“咖喱”，这是传入中国以后才有的名字。说起咖喱的来历，纯属偶然，是一个聪明孩童因顽皮所作而得。

相传，在18世纪中叶，印度宫廷厨师加里·汉，把年仅3岁的儿子带到宫里，请时任宫廷御医的表叔肖杰·邦给儿子看腿疮。看完后他就把孩子丢在厨房，忙着到仓库去领一天需用的食材。

就在这间隙工夫，好动的小男孩已经把调味料的坛坛罐罐打开，逐个一勺一勺掏出来，堆放在一起拌和。等加里·汉领完食材回到厨房，小男孩已把众多的调味料混合在一起了。为了不让御膳房总管看到，他忙抱走儿子，用纸将混合的调料包好揣在怀里。

忙了一天的加里·汉回到家里，为生病的妻子做饭菜时才觉得怀里有杂物，于是将纸包从怀里取出，放在灶台上。这时纸包慢慢地自动打开，厨师做好菜后要加调料，便顺手用勺将纸包里的混合调料加进了菜肴里。妻子觉得香味扑鼻，便问加里·汉：“今天的菜为何色、香、味与以往不同？”这时，他这才意识到是因为他将儿子在御膳房里拌和的混合调味料放进菜肴中了，他亲自一尝，味道果然不同凡响。

后来，英国人宴请世界名流，请加里·汉临厨指导，并调配复合调味料，不想味惊四座。在英国厨师的再三恳求下，加里·汉将这种混合调料的来历和配方和盘托出。加里·汉辞去宫廷厨师的职务后，开了一家咖喱店，从此这种调料开始广为流传。

因混合调料的运用是印度人加里·汉所创，又因是烹调入口菜肴的调味料，故在引进我国时“加里”两字旁各加一个“口”字，从此，这种调味料在我国就叫“咖喱”。

葱

瓦盆麦饭伴邻翁，黄菌青蔬放箸空。
一事尚非贫贱分，芼羹僭用大官葱。

——《葱》（南宋）陆游

一、物种本源

拉丁文名称，种属名

葱，通常是指百合科葱属植物葱（*Allium fistulosum* L.）的鳞茎和叶。

形态特征

以葱白粗长白净、完整紧凑，葱叶绿色、无发黄发蔫者为佳。

习性，生长环境

葱喜温凉，不耐高温，其最佳生长温度为15～20℃；温度偏高，其叶片容易枯萎，长势减缓甚至停止。采摘时，应留2～3厘米，使其继续生长。

葱为天然调味料，全国均有分布，唯有华东地区所产的味美质高。

二、营养及成分

经测算，每100克葱所含部分营养成分包括热量30千卡、蛋白质1.6%、脂肪0.3%、碳水化合物6.5%、膳食纤维1.3%。

三、食材功能

性味 味辛，性平、微温。

归经 归肺、胃经。

功能

（1）《神农本草经》记载："（葱）发汗解表，通阳散寒。"

（2）葱具有辛散温通功效，宣通上下，通达表里，外可散寒邪，内可通阳气止痛。因此，对外感风寒、发热恶寒或寒邪入里，下利脉微、寒聚气阻，腹痛、尿闭等症皆有疗效。

（3）葱白能刺激汗腺分泌，有发汗作用，并能促进消化液分泌，有健胃作用。

（4）葱白中所含的葱油可由肺呼出，能轻度刺激支气管分泌，故有祛痰作用。

四、烹饪与加工

烹饪

葱虽然是烹饪菜肴时最为常见的调味品，但想运用得当，却十分有难度。以“清炒鸡蛋”为例，看似简单，实则对葱的用量及火候十分讲究。最佳炒制方式为先将鸡蛋清调味备用，再将适量葱用热油煸炒后加入蛋清快速翻炒片刻即可出锅。很多人在做这道菜的时候则是直接将葱与蛋清混合，因为蛋清易熟，所以很难做到二者同时炒熟。若是延长翻炒时间，则蛋清会变老，色泽和味道都会大打折扣。

葱

加工

鲜葱可加工成脱水葱。脱水葱是一种用途广泛的理想调味品，其使用方便，既可用于凉菜、汤、方便汤料中，也可用于葱味饼干、葱油饼等葱香食品的加工。葱脱水后，其组织细胞的结构和功能发生了一系列变化，使其鲜味、甜味有所增加，风味有所提高，但不溶性成分、矿物质损失较小。此外，葱脱水后形成了不适合微生物生长的环境条件，可阻止致病菌的生长繁殖，因此，又可达到防腐、保鲜的效果。由此可见，脱水葱具有食用方便、储藏时间长、营养成分不易流失等诸多优点，是一种极具开发潜力的葱深加工产品。由于脱水葱制品在运输和储藏等方面具有明显优势，其出口贸易量较大，产品远销日本、欧美等地。

葱

目前，葱的脱水干燥方法主要有热风干燥法、微波真空干燥法、冻干法等。其中，微波真空干燥技术因其低温短时和高效节能等特点，已逐渐成为现代干燥加工的有效手段。

五、食用注意

（1）葱具有比较强烈的刺激汗腺的作用，患狐臭人群应尽量少吃，尤其在夏季。

（2）消化系统疾病患者，特别是溃疡病患者不应多食。

朱熹与葱

宋代大理学家朱熹（1130—1200）一生淡泊名利，安守清贫，不取不义之财，也没有为家人牟取任何私利。

相传，朱熹某日去看望他的女儿、女婿，当时女婿不在家。女儿因家中贫困，拿不出什么好东西来招待他，吃午饭时，只是十分窘迫地端出一碗大麦饭和一碗葱汤。女儿认为怠慢了父亲，心里觉得很过意不去，而朱熹却开开心心地吃完了。

他对女儿说："孩儿无须感到不好意思。这已经很不错了！要记住'成由勤俭败由奢'。勤俭持家的好家风是永远不会错的。希望你们以后也能一直坚持俭朴度日。"

朱熹还即兴吟了一首诗："葱汤麦饭两相宜，葱补丹田麦疗饥。莫谓此中滋味薄，前村还有未炊时。"题诗之后，便欣然离去。

此诗的大意是劝慰女儿："有葱汤麦饭补身充饥，这已经很不错了。要知道，在前村还有揭不开锅的人家呢。"

女婿回家，见岳父如此崇尚俭朴，便把这首诗贴在壁上，当作座右铭。

生姜

桂霭桐阴坐举殇，长安涎口盼重阳。
眼前道路无经纬，皮里春秋空黑黄。
酒未敌腥还用菊，性防积冷定须姜。
于今落釜成何益，月浦空余禾黍香。

——《螃蟹咏》（清）曹雪芹

一、物种本源

拉丁文名称，种属名

生姜，通常是指姜科姜属植物姜（*Zingiber officinale* Roscoe）的鲜根茎。其中，形状肥大、丰满鲜嫩者为上品。其富含蛋白质、维生素、多种生理活性物质和人体所需微量元素，开发价值巨大，既可以作为调味料，也可加工成上好的保健品。

形态特征

姜的根茎肥厚，多分枝，有芳香及辛辣味。叶片呈披针形或线状披针形，无毛，无柄；叶舌为膜质。花葶单独从根茎抽出，穗状花序呈球果状；苞片呈卵形，淡绿色或边缘淡黄色，顶端有小尖头；花冠为黄绿色，裂片呈披针形；雄蕊呈暗紫色。花期为秋季。

姜

习性，生长环境

姜喜温暖、湿润气候，耐寒和抗旱能力较弱。植株仅在无霜期生长，生长适宜温度为25～28℃，温度低于20℃则发芽缓慢；遇霜，植株会凋谢；受霜冻，根茎则完全失去发芽能力。姜原产于亚洲热带地区，我国除东北外，其他大部分地区均有栽培。

根据用途的差异性，生姜可于不同时期采收。如果以收获嫩姜为目的，从8月中下旬起就可以陆续采收，广东、广西因气温较高，种得早，熟得快，7月便可开始采收。总而言之，采收时间越早，产量越低，生姜含水量越高，辛辣味越淡，组织柔嫩，不耐贮藏。通常而言，1亩地可产出嫩姜1吨左右，而丰产地块的产量可翻倍。

如果以收获老姜为目的，则采收时间在11月上中旬，当其露于地面的枝叶枯萎变黄时，根茎已差不多成熟。此时，1亩地可收获老姜2吨左右，而丰产地产量可翻倍。老姜辣味重，“生姜还是老的辣”就是这个道理。

二、营养及成分

经测算，每100克生姜所含部分营养成分包括热量46千卡、膳食纤维2.7%、蛋白质1.3%、碳水化合物1.3%、脂肪0.6%，同时含有多种维生素和微量元素，如维生素A、维生素B_1、维生素B_2、维生素C、钙、磷、铁、硒、烟酸等。

三、食材功能

性味 味辛，性温。

归经 归脾、胃、肺经。

功能

（1）《本草经集注》记载：“（姜）解表散寒，温中止呕，化痰止咳。”

（2）生姜有发汗解表、暖中止呕、温肺止咳、解毒的作用，对风寒感冒咳嗽、胃寒呕吐、寒痰喘咳等症有助疗效果。

（3）生姜对交感神经有兴奋作用，可改善血液循环、帮助消化，具有温胃、止呕、杀菌消炎的功效，同时对于阴道滴虫也有很好的祛除功效。

四、烹饪与加工

烹饪

生姜用于调味时，在火工菜中使用较多，对于水产品、禽畜，其可很好地去腥除膻。烹饪时，取老姜适量洗净，切成块状或片状，根据烹饪需要可拍松，以便味道进入菜肴。此时，其主要功能是作为佐料使用，不宜直接食用。

此外，生姜与食物原材料一同浸渍，可去除腥膻等异味，同样可起到调味的效果，比较著名的有“红烧鱼”“油淋鸡”等。在烹饪这些菜肴时，不宜将其一同下锅，但利用该方法能有效清除异味。若适当地添加料酒、葱等，效果更加明显。

加工

生姜既可鲜食，又可做调味佳品，还是一种常用的中药。因此，以姜为原料加工的食品，不仅营养丰富、风味独特，而且还有健胃、驱寒、解毒之功效，备受人们青睐。

（1）白糖姜片

将新鲜的生姜洗净去皮后，切成姜片。然后将姜片、白糖、白糖粉、柠檬酸溶液放在一起加热煮沸，捞出姜片漂洗干净，沥去水分。再配制62%～65%的浓糖液，并加入0.15%柠檬酸煮沸使糖全部溶解，滤除杂质后放入姜片再煮，煮至糖液浓厚时即可停火。捞出姜片，再撒上白糖粉拌匀，摊晒1～2天或置于烘箱中，在40～50℃下烘烤4小时左右，即成白糖姜片。

（2）糖醋姜片

将新鲜嫩姜，洗净去皮，切成姜片，放入罐中。取适量白糖、醋和酱油，混合煮沸后即为糖醋液，再次煮沸，冷却后将此液也倒入罐中，完全淹没姜片即可。姜面上用竹网盖住，并用石块压紧。然后密封缸口，腌渍15～25天，即可制成鲜嫩适口的糖醋姜片。

姜

五、食用注意

（1）姜味辛辣，温性，燥热，阴虚内热、热盛者不可食用。

（2）腐烂的生姜不可食用，其含有剧毒物质黄樟素，可让干细胞变性。经动物实验证实，该毒素可诱发细胞癌变，导致肝癌、食管癌等。虽然腐烂生姜仍具有较强的辛辣味，但已变成有毒物质，不可再食。

（3）高血压患者应少食生姜。

生姜解半夏毒

唐朝时期，长安香积寺有个叫行端的和尚，夜间上南五台山砍柴，回寺后成了哑巴。

人们相互议论，不解其故。有的说这是让山上的妖魔给迷住了，也有的说是山上的鬼神怕他讲出山上的秘密，就将他弄哑了。这样一传，吓得众僧再也不敢上山砍柴了。

香积寺的方丈急忙带领众僧在佛前做了81天道场，请佛祖为行端驱魔。可是无济于事，行端仍不能说话。

这时，有个略懂医术的僧人德始，提议让行端前去长安城，向医术高超的刘韬求医。

德始陪着行端来到长安，拜见了名医刘韬，并详述了得病的缘由。

刘韬为他望诊、号脉后说："师傅先回，待我明日上山一观再行处方。"

次日凌晨，刘韬来到山上，仔细观察后便胸有成竹地来到了香积寺。他从药袋里取出一块生姜，对方丈说："尊师放心，请那沙弥速将此药煎服，三五日内定能药到病除。"

方丈虽让人将生姜给行端煎服，但心中仍有疑虑，于是就有意挽留刘韬在寺中多住几日，以观疗效。

且说时过两日，行端连服三剂姜汤，胸中郁积渐解，咽喉轻松爽利，又连服了三剂，竟能开口说话了。寺中众僧都惊讶不已。

方丈询问行端病因，刘韬说："此乃沙弥误食山中半夏所致，用生姜一解，药到病除，并非什么妖魔所害。"

众僧也除掉了心病，照旧上山砍柴。

大蒜

楚雀乘春狭狭飞，蒜头椒目禀生微。
风前莫学惊鸥散，堂上人无海客机。

——《噪雀》（北宋）宋庠

一、物种本源

拉丁文名称，种属名

大蒜，通常是指石蒜科葱属植物蒜（*Allium sativum* L.）的鳞茎。

形态特征

蒜的鳞茎呈球状或扁球状，通常由多数肉质、瓣状的小鳞茎紧密地排列而成，外面包裹着数层白色或紫色的膜质鳞茎外皮。叶呈宽条形或条状披针形，扁平。伞形花序，间有数花；花瓣常为淡红色，花被片呈披针形或卵状披针形；子房呈球状。花期通常为7月。

习性，生长环境

蒜喜好冷凉，较耐低温，不耐旱。其生长以砂质壤土为最好，在砂土中生长的蒜辣味浓，但质地松，不耐储藏。蒜原产于亚洲西部或欧洲，我国南北普遍栽培，幼苗、花葶和鳞茎均可作蔬菜食用，鳞茎还可作药用。

二、营养及成分

经测算，每100克大蒜头所含部分营养成分包括热量128千卡、碳水化合物27.6%、蛋白质4.5%、膳食纤维1.2%、脂肪0.2%，同时含有烟酸、维生素A、维生素C和多种微量元素，还含有挥发性的大蒜辣素。大蒜为天然调味料及蔬菜类食材。

三、食材功能

性味 味辛、甘，性温。

归经 归脾、胃、肺经。

功能

（1）《名医别录》记载："（大蒜）温中健脾，行滞消食，解毒，杀虫。"

（2）蒜茎呈白色，入肺经，温性，味辛，气味强烈，入脾胃，可行滞气、通五脏、达诸窍、温脾胃，攻毒而杀虫。性热苦散，可消痈肿，化症积肉食，然辛散之品不可多食，有伤脾伤气之祸，损肺、损目、伐性之害。

（3）大蒜含有蒜氨酸、蒜酶，在体内能产生大蒜素，在抗真菌、原虫、杀菌等方面功效甚好；其抗血小板凝聚功效较强，可降低血脂浓度，对心脑血管动脉硬化患者颇有益处，可减少血栓形成的风险，使心脏病和脑中风（脑血栓和脑出血）的发作风险大为降低，还有增强免疫功能、促进食欲、减轻射线危害、控制血压的功效，在预防冠心病、糖尿病方面也有一定作用。

蒜

四、烹饪与加工

烹饪

用大蒜做调味料时，要控制量，取1~4瓣即可，若大量食用会影响肝脏、胃功能，造成损伤，甚至破坏视力，影响人体造血功能，导致贫血。其所含辣素对肠胃刺激强烈，可强化胃液分泌，因此，患有胃病、胃溃疡人群应禁止食用。肝病、眼病患者也不宜食用。大蒜杀菌效果较好，生食能预防和治疗感染性疾病。

加工

当前，市场上的大蒜加工制品主要有两类，一是以蒜为主要原材料，如蒜片、蒜泥、蒜米、盐渍蒜、大蒜脆片等；一是以其功能物质为主要原材料，如蒜油、蒜氨酸、抗氧化活性物质等。

关于大蒜的深加工，相关专业人士建议从市场需求出发，综合开发利用，目前市场上有其相关功能食品，如以蒜素、多糖为主的功能食品；大蒜风味食品，如以蒜素为主的调味产品；大蒜休闲食品，如无臭大蒜制品；其他如黑蒜、糖醋蒜等。

蒜

五、食用注意

（1）不宜外敷时间过久。大蒜对人体红细胞具强烈刺激性，当外敷时，可使红细胞变色，功能减弱；浓度过高时会溶解红细胞，使人体皮肤产生灼热感、发红、起泡，严重者会导致溃烂。

（2）育龄青年不宜多食。大蒜可冲淡人体中正之气，杀死人体精液细胞，大量食用可明显降低生育功能。

（3）当服食地黄、何首乌、丹皮、白术、苍术等中药材时，不可食用大蒜。

大蒜治病的传说

据史料记载，褚澄擅长医术，南齐建元年间，担任吴郡太守。

百姓李道念因公事来到吴郡。褚澄一见到他，就对他说："你有重疾。"

李道念答："以前曾患有冷疾，至今5年，看了许多医生也没看好。"

褚澄为他诊脉，说："你的病非冷非热，应当是吃白瀹鸡子吃得过多了。"

褚澄令人取来一头大蒜煮了以后给他服用。才服用一次，竟吐出一物，被唾液包裹着，切开来一看竟是鸡雏。羽毛、翅膀、爪子都已具备。

褚澄曰："这还未吐尽，还须再服下剩余的药物。"

结果李道念又吐出像先前一样的鸡雏，总共吐出13头才治愈。时人皆称妙哉。

韭菜花

韭菜花开心一枝，花正黄时叶正肥。
愿郎摘花连叶摘，到死心头不肯离。

——《台湾竹枝词（其二）》
（清末民初）梁启超

一、物种本源

拉丁文名称，种属名

韭菜花，通常是指石蒜科韭属植物韭菜（*Allium tuberosum* Rottler ex Spreng.）的花，具有多种别名，如壮阳草花、钟乳草花、起阳草花、懒人草花等，为天然调味料。

形态特征

韭菜花

韭菜具倾斜的横生根状茎。鳞茎簇生，近圆柱状，鳞茎外皮呈暗黄色或黄褐色。叶片呈条形，扁平，实心，边缘平滑。花葶圆柱状，常具两条纵棱；总苞单侧开裂，伞形花序呈半球状或近球状，花多但较稀疏；花为白色，花被片常具绿色或黄绿色的中脉；子房呈倒圆锥状球形，外壁具细的疣状突起。花果期为7—9月。

习性，生长环境

韭菜原产于亚洲东南部。我国广泛栽培，亦有野生植株，但北方的为野化植株。叶、花葶和花均可作蔬菜食用，种子可入药。韭菜可多次采割，由其生长态势、市场供应情况等决定。春季、冬季大棚种植能够采割3茬。

二、营养及成分

每100克鲜韭所含部分营养成分包括蛋白质21%、碳水化合物

3.2%、脂肪0.6%、胡萝卜素0.3%，同时含有钙、铁等人体所需的微量元素，香味浓郁，可增进食欲，并有一定的药用价值。

三、食材功能

性味 味辛、微甘，性温。

归经 归心、肝、胃、肾经。

功能

(1)《名医别录》记载："（韭菜花）归心，安五脏六腑，除胃中热；归肾，壮阳止泄精，暖腰膝。"

(2) 韭菜花补肾效果较好，可暖胃健脾，帮助消化，提高食欲，对肾虚阳痿、腰膝冷痛、遗精等症有着明显的康复疗效。

(3) 韭菜花蕴含硫化物、挥发性精油等，香味浓郁独特，其富含的维生素、纤维素等可加强肠胃蠕动，对便秘有疗效。

四、烹饪与加工

烹饪

韭菜花通常可用来做馅料、炒食、制汤等。用韭菜花制成的馅料包饺子，则别有一番风味。韭菜花应选择含苞待放或者刚刚开花还未结籽的花朵，因为这样的花朵更加鲜嫩。将韭菜花洗净，控干水分，切碎备用。鸡蛋入油锅用筷子打散炒熟，晾凉备用。将韭菜花和炒鸡蛋放在一起搅拌，如果炒鸡蛋时没放足够的油，这时可以再加适量的花生油拌匀，待油脂包裹住韭菜花后再放盐，否则韭菜花会发蔫出水，影响口感。放上花椒粉拌匀。将一部分虾仁切成小块，另一部分剁成虾泥，把它们搅拌在一起，可增加馅料的黏稠度。再放入盐拌匀，最后放入耗油锁味。最后，将拌好的馅料包入饺子皮，即可制成韭菜花鸡蛋虾仁饺子。

加工

腌制韭菜花，需准备韭菜花、红辣椒、苤蓝、白酒、红糖、精盐。腌制过程对材料十分挑剔，韭菜花最好选择嫩绿半籽半花者；苤蓝要色泽青绿、鲜嫩少纤维者；辣椒应选择新鲜、皮薄肉厚、籽少红透者；白酒要50°以上的粮食酒。

制作时，先加工半成品。韭菜花去梗后切碎，按100千克花加12千克盐的比例放入食盐后再切细，最后用工具制成泥状，就制成了韭菜花泥。苤蓝削皮洗净，切成细丝，晒成干丝（每100千克苤蓝约得7千克干丝）。红辣椒清水洗净后去蒂，晾晒去水后切成细粒状，按100千克红辣椒加8千克盐的比例放入食盐后再次去水，第二日再添入白酒3千克、食盐10千克，充分搅拌均匀，即成糟辣子，装入容器备用。

韭菜花

上述原料加工好之后，就可配制成品了。将韭菜花泥100千克，苤蓝干丝66千克，糟辣子100千克，红糖、白酒各33千克搅拌均匀后，入罐压紧，密封罐口，贮存半年后便可食用了。

五、食用注意

阴虚火旺、疮疡、眼疾、胃溃疡患者应禁食韭菜花。

韭菜花

韭菜的吃法，按照季节的变化，亦跟着变化。

第一种是春韭，即杜甫（712—770）在《赠卫八处士》一诗中所说的“夜雨剪春韭，新炊间黄粱”中的“春韭”。春天头茬韭菜最好吃，及至夏天各种菜蔬上市，韭菜自然成了下等之物，所以农村有“六月臭韭菜”之说。

第二种为韭黄。冬季培育的韭菜，颜色浅黄，嫩而味美。宋人最爱食用这种菜。黄庭坚（1045—1105）的《萧巽葛敏修二学子和予食笋诗次韵答之二首（其一）》诗中就有“韭菜照春盘，菰白媚秋菜”一句。王千秋在《点绛唇·春日》一词中还说：“韭黄犹短，玉指呵寒翦。”寒冬里剪韭黄的辛酸在诗人的笔下转换成一幅美丽的图画。韭黄在今天仍然是冬季里的常见菜。

第三种是韭白，又称韭苔，即韭菜的茎，嫩时可炒吃。

第四种就是韭花，即韭菜花。

辣椒

其椒应五行，其仁通六义。
欲知先有功，夜见无梦寐。
四时去烦劳，五脏调元气。
明目腰不痛，身轻心健记。
别更有异能，三年精自秘。
回老返婴童，康强不思睡。
九虫顿消亡，三尸自逃避。
若能久饵之，神仙应可冀。

——《椒红丸诗》

（明）李时珍

一、物种本源

拉丁文名称，种属名

辣椒，通常是指茄科辣椒属植物辣椒（*Capsicum annuum* L.）的果实，有多种别名，如番椒、辣子、辣虎、海椒、尖椒等。

形态特征

辣椒为一年生或有限多年生植物。茎近无毛或微生柔毛。叶互生，呈矩圆状卵形、卵形或卵状披针形。花单生，花萼杯状，花冠白色。果实为长指状，顶端渐尖且常弯曲，未成熟时呈绿色，成熟后呈红色、橙色或紫红色，味辣。种子呈扁肾形。花果期为5—11月。在所有蔬菜中，辣椒的维生素C含量是最高的。经测算，每100克辣椒中的维生素C含量为198毫克。

习性，生长环境

辣椒对土壤中的水分要求严格，它既不耐旱也不耐涝，喜欢较为干爽的空气条件。辣椒原分布于墨西哥到哥伦比亚一带，在我国已有数百年栽培历史，全国各地均有栽培，为重要的蔬菜和调味品。种子油可食用，果亦有驱虫和发汗的药效。其品种繁多，我国有不下数十个品种。

二、营养及成分

每100克辣椒所含部分营养成分包括热量23千卡、蛋白质1.4%、碳水化合物5.8%、胡萝卜素0.3%，同时含有泛酸、烟酸、叶酸、辣椒碱等物质和钙、铁等人体所需的多种矿物元素。

三、食材功能

性味 味辛，性热。

归经 归脾、胃、肝、大肠经。

功能

（1）《植物名实图考》记载：“（辣椒）温中健胃，散寒燥湿，消食化滞，发汗。”

（2）辣椒有温中、散寒、开胃、消食的功效，可用于寒滞腹痛、呕吐、泻痢、冻疮、疥癣等症，然需控制用量。

（3）在所有蔬菜中，辣椒的维生素C含量是最高的，抗氧化效果极好。其胡萝卜素含量大于猪肝，可转化成维生素A，能提升视力，有效预防和治疗夜盲症。此外，其还具有减肥瘦身的效果，可提高人体代谢速度，加速燃烧脂肪。

辣　椒

四、烹饪与加工

烹饪

如今，辣椒已成为很多人日常生活中必不可少的一道菜肴或一种调味料，尤其在川渝湘黔等地，很多人没有辣椒佐餐总觉得少了什么，饭菜不香。辣椒虽然美味，但在食用时一定要控制好量，切不可因为贪吃而导致燥热上火。

辣　椒

新鲜辣椒可单独作为一道美食烹制，也可作为辅料配以其他材料，在炒制辣椒时通常用大火猛炒至断生即可。对于辣味太浓的辣椒，可去掉其籽，减少辣味。

辣椒属燥热上火食物，夏季食用时应避免选择过辣的品种，亦不可多食；冬季可食用辣味更浓者，有发热生汗之效。

加工

辣椒加工制品是以辣椒为主要原料，运用各种不同的方法，添加各种调味料、香辛料或其他食物，加工制成的辣椒制品。我国传统的辣椒加工方法，主要以油制、腌制、制酱、泡渍等为主，几乎都是以家庭手工作坊形式进行。辣椒加工制品具有品种多、风味各异、运输便捷、使用方便等特点，是湖南、湖北、四川、贵州等嗜辣地区使用量最大的调味料。随着人们生活水平的提高，人们对辣椒制品的品质要求越来越高，辣椒深加工、精加工蕴藏着巨大的市场潜力。

五、食用注意

（1）服食维生素K、止血药类药物之时，尽量不食用辣椒，以免降低药性。

（2）存放时不应洒水，水分可使辣椒中的多种维生素流失，极大降低其营养价值。

辣椒走入中国寻常百姓家

在辣椒传入中国前，中国民间三大辛辣调料是花椒、姜和茱萸。

辣椒的原产国是墨西哥，最早培植辣椒的，就是墨西哥的印第安人。

15世纪末，哥伦布（1451—1506）发现美洲之后把辣椒带回欧洲，并由此传播到世界各地。辣椒于16世纪末（明代）传入中国。

四川人把辣椒叫作“海椒”，正如明朝人称之为“番椒”一样，道出了辣椒是来自外国的。

明代《草花谱》中记载了一种外国传入的草花，名叫“番椒”。1591年，此时辣椒已作为一种观赏性花卉被中国人引进栽培，但尚未应用于饮食。

清乾隆年间，辣椒始作为一种蔬菜被中国人食用。嘉庆年间，在以重庆为中心的川东地区，辣椒已作为商品进入流通领域。

四川大学历史系和四川省档案馆主编的《清乾嘉道巴县档案选编》载：“地处川黔交界处的南川盛产辣椒。”

咸丰元年增修刻本《道光南川县志》卷五“土产·蔬菜类”有“地辣子”一名，应该是当地百姓对辣椒的称谓。

与南川毗邻的贵州遵义地区，道光年间也受川人影响，普遍栽种辣椒。

清朝末年，四川农村普遍栽种辣椒，品种相当齐全。

据宣统元年刊印的傅崇榘编撰的《成都通览》记载，成都之农家种植品有大红袍海椒、朝天子海椒、钮子海椒、灯笼海椒、牛角海椒、鸡心海椒。

成都之四时菜蔬：五月有青辣子，六月有红辣子、灯笼大海椒，七月有灯笼海椒，八月有海椒、红海椒。

成都之咸菜用盐水加酒泡成，家家均有鱼辣子、泡大海椒、鱼乍海椒、辣子酱、胡豆瓣。

陈皮

黄柑甘橘郁薰芬，翠叶妍条细细匀。
不为陈皮开膈冷，却留霜子到青春。

——《园果六首·柑（其六）》
（明）林大钦

一、物种本源

拉丁文名称，种属名

陈皮，通常是由芸香科柑橘属植物橘（*Citrus reticulata* Blanco.）的熟果皮干制而成，因此也被叫作橘皮。

形态特征

橘为小乔木。茎直立，圆柱形，褐色，多分枝，针刺较少。单生复叶，叶片呈卵状椭圆形，较少全缘，上面深绿色，下面绿色，光滑。花小，呈白色，萼片呈黄绿色；花单生或数朵族生叶腋；花瓣呈长椭圆状卵形；雄蕊多数，花丝数枚合生；子房多室。果实多为扁圆形，成熟时呈橙黄色，油腺细密。花期为春季，果期为秋、冬季。

习性，生长环境

柑类、甜橙的熟果皮亦可干制成陈皮。陈皮原料分布广泛，在我国川渝、粤闽和江浙一带、江西等地常见。广东新会、四会、广州近郊出产的品质最好，而川渝两地为出产大户。

二、营养及成分

挥发油：与黄酮类化合物共同组成了陈皮的活性物质，所含比例为1.9%~3.5%，具有多种功能，如抗菌、平喘、增强消化液分泌、通顺肠内积气、利胆等。

陈皮黄酮：为黄酮类化合物众多分离物中的一类，所占比例为2%~2.1%。陈皮所含黄酮类化合物8类，橘陈皮素和川陈皮素所占比例较大、药性最强，具有明显的抗肿瘤效果，因此在医学界被不断重视。橙皮苷为陈皮关键活性物质，在降低血压、增强血管韧性、维持胆固醇水平、抑制癌变等方面皆有不错效果。

陈皮生物碱：该物质核心组分为辛弗林，所占比例为0.2%~0.6%。辛弗林在收缩血管、增强血压、舒张气管等方面有疗效。

陈皮多糖：该物质所占比例为6%，具有明显清除二苯苦基苯肼自由基（DPPH）和羟基自由基（—OH）的功效，且表现出较为明显的量效关系，这说明它与黄酮均具有抗氧化性。

三、食材功能

性味 味辛、苦，性温。

归经 归肺、脾、胃经。

功能

（1）陈皮可用于湿阻中焦、脘腹痞胀、便溏泄泻以及痰多咳嗽等症，亦可缓解脾虚饮食减少、消化不良以及恶心呕吐等症。

（2）因相配的食物不同，陈皮表现出不同的营养功能。当其与红豆组合时，具有加速脂肪消耗、行气健脾功效，最适宜于脾胃虚弱者，消化功能不佳者亦可适量食用。

陈　皮

四、烹饪与加工

烹饪

陈皮是我国独有的香料，在国人心中有着无法代替的地位。而在中国众多的菜系中，尤以粤菜最擅长运用陈皮。其所含类柠檬苦素极易溶解，味道略苦，可促进食物消化吸收。粤菜厨师就是利用陈皮的这些特征，将其与各种食材结合，让它们的作用发挥到极致。

陈　皮

加工

挑选成熟的橘子，不要带青色。橘子用盐水浸泡一会，可用牙刷沾牙膏刷干净，再用清水清洗干净。洗净的橘子晾干水分，剥下橘子皮，白色的一面向上，放在通风有阳光处完全晒干。将橘子皮置于阳光下晾干，去除水分后置于蒸锅中，水沸腾后蒸10分钟左右，待其全部蒸透后，再次置于阳光下晾干水分。用同样的方法，再蒸，再晒两次。待橘子皮完全晒干后密封保存，让它缓慢发酵，产生更多的药用成分。

五、食用注意

（1）陈皮性温，味辛、苦，有发热、口干、便秘、尿黄等症状者，不宜饮用陈皮水。

（2）陈皮不宜与温热香燥药同用。

（3）气虚体燥、阴虚燥咳、吐血及内有实热者慎服。

陈皮的故事

汉文帝时，桂阳人苏仙公得道成仙之际，对母亲说：“明年天下将有疾疫，庭中井水一升，檐边橘叶一枚，可治疗一人。”

次年，果然疫病流行，苏母用此法治愈不少人，“橘井飘香”成了杏林千古佳话。

《岭南随笔》《岭南杂记》均有记载，化州仙橘是仙人所植，唯此一株，一月一子，其皮入药，痰之解。每年且有督抚差亲随监摘采批制。后大风所折，补种后伪之。化州仙橘坠痰强。

真正的化州橘红，其汁滴入痰盂，痰化为水。《岭南杂记》云：“化州仙橘，其实非橘，皮厚味酸，不中食。其皮厚为五片、七片，不可成双，治疗痰症如神。每片真者，可值千金。化皮赝者多。”

汉代丹阳太守李衡于五陵氾州上，种橘树千棵，临终谓其子曰：“吾州里有木奴千头，不责衣食，岁绢千匹。”

李商隐在《陆发荆南始至商洛》一诗中云：“青辞木奴橘，紫见地仙芝。”故，橘树古时亦叫木奴。

孜然

精油蛋白复多酚，抗敏驱寒效出群。
言说凿凿微带毒，几人知此是谣闻。

——《孜然》（现代）关行邈

| 一、物种本源 |

拉丁文名称，种属名

孜然，通常是指伞形科孜然芹属植物孜然芹（*Cuminum cyminum* L.）的种子，也被叫作马芹子、枯茗，以色泽亮丽、香气浓郁者为上品。

形态特征

孜然芹为一年生或二年生草本植物，全株（除果实外）光滑无毛。茎基部多分枝。小伞形花序通常有7朵花，小总苞片与总苞片相似，顶端针芒状；花瓣呈粉红或白色，分生果为长圆形，两端狭窄，密被白色刚毛。花期为4月，果期为5月。

习性，生长环境

孜然芹的适应性较强，耐旱怕涝，对土壤要求不严，一般以通透性、排水性良好的沙壤土为宜。孜然芹原产于埃及、埃塞俄比亚。我国新疆、青海、内蒙古等地均有栽培。在我国新疆维吾尔族和哈萨克族民间，人们将果实研末，用作食品中的调料，果实亦可入药，用来治疗消化不良和胃寒腹痛等症。

| 二、营养及成分 |

经测定，每100克孜然所含部分营养成分包括热量212千卡、碳水化合物2.4%、蛋白质2.2%、脂肪0.3%，此外还含有少量维生素和多种人体所需微量元素。

三、食材功能

性味 味辛，性温。

归经 归脾、胃、肾经。

功能

（1）《中华人民共和国药典》记载："（孜然）祛寒，除湿，理气，开胃，祛风，止痛。"

（2）孜然辛而温，辛温相合，外散风寒，内行气血；能外祛寒湿、内破瘀血，故有祛瘀、行气、止痛、活络之效。凡气滞血瘀诸痛均可应用，风湿痹痛、关节不利、肩臂酸痛之症，亦可常用。

（3）孜然还有疏通经脉、活血醒脑、去火平肝等效用。患有胃炎、消化不良和肾虚人群，适量食用可在一定程度上缓解症状。

（4）孜然有抗凝血作用，能防止由血液凝结而引发的心脏病和脑卒中。

四、烹饪与加工

孜 然

烹饪

孜然是制作烧烤的必备提味佐料，油性十足，散发出强烈芳香味，此外也被用作提炼香料，为制作咖喱粉的一种关键材料。

孜然粉由多种调料按照一定比例加工研磨而成，包括八角、桂皮等，在烹饪牛、羊肉时必不可少。它不但能提升肉质鲜美程度，而且能够增加香味，促进食

孜 然

欲。孜然粉能祛除羊肉的膻味，并增添一种新的香味，所以烤羊肉串的时候最常用到。孜然其实就是茴香，产地主要为我国新疆地区，为了方便与南洋茴香区分，因此称作孜然。

加工

孜然和小茴香的比例为10∶1，将二者混合均匀，用水洗去杂质，将水控干，锅里不加油，小火倒入孜然粒开始翻炒。注意控制速度，不可太快，待变为微黄色，香味溢出时即可。一定要控制好火候，不可炒煳。倒出摊开冷却，放入料理机搅打成粉状即可得到自制的孜然粉，盛入小瓶密封保存，随吃随取。

五、食用注意

（1）孜然活血行气之力较强，疼痛非邪实血瘀者，则不宜食用。

（2）以孜然调味，用量不宜过多，便秘、痔疮患者避免食用或尽可能少量食用。

（3）孜然性热，夏季应少食。

王昭君与枯茗的传说

相传，汉元帝时期的王昭君（约前54—前19），与貂蝉、西施、杨玉环（719—756）并称为“中国古代四大美女”。

王昭君，是中国古代四大美女之一的“落雁”。

北方的匈奴经过连年战乱，内部出现了五单于并立的局面，最终匈奴分裂成了南北二部。

公元前54年，南匈奴呼韩邪单于（？—前31）被他哥哥北匈奴郅支单于（？—前36）打败，向汉天子称臣归附于汉朝，成了汉朝的属国。

汉宣帝将其安置在长城外的光禄塞下。

呼韩邪曾三次进入长安朝觐天子，以尽藩臣之礼，并向汉元帝自请为婿。元帝遂选宫女王昭君赐予他。

为了汉民族与当时匈奴少数民族和解大义，王昭君自请远嫁匈奴。

昭君到匈奴后，从胡俗，被封为“宁胡阏氏”（阏氏，音“焉支”，意思是王后），象征她将给匈奴带来和平、安宁和兴旺。

可是到了匈奴后，王昭君因不习惯当地的饮食，吃不惯烤羊肉，日见消瘦。

丈夫呼韩邪单于为适应王昭君的口味，就在烤羊肉上撒一种叫枯茗的植物制成的粉末，以去除羊肉的膻味。

王昭君后来在回汉省亲时将这种枯茗植物又带回中原交汉人栽培。从此，汉人也学会用孜然（枯茗）这种植物来烹调菜肴，并将其发展为一味中药。

花椒

欣忻笑口向西风，喷出元珠颗颗同。
采处倒含秋露白，晒时娇映夕阳红。
调浆美著骚经上，涂壁香凝汉殿中。
鼎悚也应知此味，莫教姜桂独成功。

——《花椒》（南宋）刘子翚

一、物种本源

拉丁文名称，种属名

花椒，通常是指由芸香科花椒属植物花椒（*Zanthoxylum bungeanum* Maxim.）的熟果干制加工而成的调味品。别名川椒、蜀椒、秦椒等。

形态特征

花椒为落叶小乔木。茎干和枝有刺。小叶对生，无柄，呈椭圆形，位于叶轴顶部的较大。叶背基部中脉两侧有丛毛或小叶两面均被柔毛，叶背干后常有红褐色斑纹。花序顶生或生于侧枝之顶，花序轴及花梗密被短柔毛或无毛；花被片呈黄绿色，形状及大小大致相同。果实呈紫红色，散生微凸起的油点，顶端时有甚短的芒尖。熟果以开口且无籽粒，表皮粗糙者为佳品。花期4—5月，果期8—9月或10月。

习性，生长环境

花椒为向阳生植物，耐旱性强，分布广泛，我国各个省份均有种植。果皮加工后为常用的调味制品，亦可用于芳香油的炼制。花椒还具有较高的药用价值，种子可作为食材食用；在工业方面，可作为肥皂的制作原料。

二、营养及成分

经测定，每100克花椒所含主要营养成分包括热量258千卡、碳水化合物66.5%、粗蛋白6.7%、粗脂肪8.9%、纤维素28.7%，还包括茵芋碱、佛手柑内酯、爱草脑、柠檬烯、月桂烯、牻牛儿醇、甾醇等，为天然调味料。

三、食材功能

性味 味辛，性温。

归经 归胃、肾经。

功能

（1）《神农本草经》记载："（花椒）温中散寒、除湿、止痛、杀虫。"

（2）花椒辛热，善祛阴寒之邪，能温中而止痛，暖脾而止泻，为治脾胃虚寒之常用药，借其辛辣之性，而有驱杀蛔虫之功，常用于蛔虫引起的腹痛、吐蛔之症。煎汤外洗，可治湿疹瘙痒，有燥湿、止痒之效。

（3）花椒中的挥发油具有局部麻醉、止痛效果，并可用于驱虫，在杀灭蛔虫上有应用。

（4）食物中适量加入花椒，能提升肠蠕动功能，过量则会起到抑制作用；少量可轻度利尿，大量会抑尿。

（5）花椒具有降血压作用，可反射性引起呼吸兴奋。

（6）花椒具有抑制多种细菌的功效，如大肠杆菌、痢疾杆菌、炭疽杆菌、溶血性链球菌、白喉杆菌、肺炎双球菌、金黄色葡萄球菌、伤寒杆菌、绿脓杆菌和皮肤真菌等。

花 椒

四、烹饪与加工

烹饪

花椒入口甘而后麻，具高热性和浓烈香气，含有高比例挥发油，营养价值较高。因其香气浓烈、含高比例挥发油的特性，因此常被用于烹饪清香型菜肴。著名的椒麻鸡就是充分发挥了其香而微麻的特性。

红花椒麻味更浓，味呈辛辣，具有高热性，柠檬烯含量较高，因此常被用于制作辣味较重、偏香辣味的菜肴，如麻辣鱼块正是利用了这个特性。

加工

花椒干制：传统加工方式为晾晒或阴干，通常需耗时6～10天，周期较长，对天气要求较高。现在多采用热风干制的方法，不但能够制作出色泽亮丽的花椒制品，而且能最大限度地留住其风味。

花椒粉的加工：将干制花椒成品借助粉碎机研磨成粉后，装袋封口即可。

花　椒

炒制花椒：取花椒放入砂锅，用文火快速翻炒，或用炒货机在120～130℃下炒制6～10分钟。

五、食用注意

（1）花椒属热性调味品，阴虚火旺者不宜食用，孕妇尽量少食。因其具有回奶效果，故产妇不可大量食用，否则可导致断奶。

（2）咳嗽生痰者、肺热胃火旺者不宜食用。

（3）三焦火盛、口舌生疮、咽痛等人群不宜食用。

“椒房”的传说

相传，西汉皇后所居的未央宫，常常以椒和泥涂墙，被称为“椒房”“椒涂”，不仅因为它可使居室芳香温暖，还带有多子多福的意思。“就中云幕椒房亲，赐名大国虢与秦”（唐·杜甫《丽人行》），这里的椒房指杨贵妃。“兰殿长阴，椒涂驰卫”（宋·颜延年《宋文皇帝元皇后哀策文》），“践椒涂之郁烈，步蘅薄而流芳”（三国·曹植《洛神赋》），这里布椒的道路，是取“芳香”的意思。

在《诗经·椒聊》中，花椒象征着美丽的女人。诗中“硕大无朋”“硕大且笃”等词语，用来形容女子高大健美的身材，既有风度又气质不凡。那时的审美标准以健壮为美，且像花椒一样能生孩子。所以诗人才赞美道：“椒聊且，远条且。”意为一串串花椒的芳香飘向遥远的地方。在《诗经·东门之枌（fén）》中描述的宛丘郊外的舞会上，像锦葵花一样美丽的子仲家的姑娘，舞姿袅袅，荡人心魂。她送给诗人一把芬芳的花椒作为信物。诗人接受了花椒，也表示接受了姑娘的爱情。人们今天也能感受到先秦女子自由、浪漫的情爱生活。大概是古人相信花椒的香味有助于神灵的胃口，《诗经·周颂·载芟》篇在描述周成王时期垦荒、耕种、收获、祭祖、祈福的情景时说道：“有飶（bì）其香，邦家之光。有椒其馨，胡考之宁。”意思是放了花椒的饭菜香喷喷，神灵吃得高高兴兴，这样就能帮助我们国家光大，保佑人民平安长寿。

屈原在《离骚》中说：“怀椒糈（xǔ，古代祭神用的精米）而要之。”“椒糈”亦作“椒稰”。王逸在给《楚辞·离骚》所做的注中提道：“椒，香物，所以降神；糈，精米，所以享神。”

“椒糈”是以椒香拌精米制成的祭神食物，可见在楚地花椒也被巫师用来招待神灵。李嘉祐在《夜闻江南人家赛神因题即事》诗中云：“雨过风清洲渚闲，椒浆醉尽迎神还。”椒浆，即椒酒，就是用花椒浸制的酒。当然，不能只是让神灵独自享用花椒，人们还用酱油和酒将其浸泡制成调味香料敬献给父母。东汉崔寔《四民月令》记载：“过腊一日，谓之小岁，拜贺君亲，进椒酒……”古人认为，椒是玉衡星精，服之能耐老。

后宫佳丽也难以抗拒椒香的诱惑，甚至奢侈地用花椒和泥涂在宫殿墙壁上，每时每刻都能呼吸到花椒的芬芳，且取花椒“实累累、结子多”的吉利之意。陆机《拟青青陵上柏》诗曰：“高门罗北阙，甲第椒与兰。”由此，椒房、椒掖、椒室、椒殿、椒庭皆指皇妃的宫室。班固《西都赋》云：“后宫则有掖庭椒房，后妃之室。”椒房也作后妃的代称。

八角

有宋从来只作香，至明药用始弘扬。
千年药圣如椽笔，本草茴香共久长。

——《八角》（现代）关行邈

一、物种本源

拉丁文名称，种属名

八角，通常是指由五味子科八角属植物八角（*Illicium verum* Hook. f.）的熟果干制而成的调味品，亦名八角、大茴香、大料等。

形态特征

八角为常绿乔木。树冠呈塔形、椭圆形或圆锥形，树皮灰色至红褐色，稍粗糙，有不规则裂纹。枝密集，呈水平伸展。叶互生，革质，呈倒卵状椭圆形。花呈粉红色或深红色。聚合果，呈红褐色，八角形，先端钝或钝尖。正糙果3—5月开花，9—10月果熟；春糙果8—10月开花，翌年3—4月果熟。

习性，生长环境

八角喜冬暖夏凉的山地气候，适宜种植在土层深厚、排水良好、肥沃湿润、偏酸性的沙质壤土中。八角主产于我国广西西部和南部地区，福建、广东、云南等地也有种植。同属其他种野生八角的果，多具有剧毒，误食可导致死亡。

八　角

二、营养及成分

经测定，八角主要包含蛋白质、脂肪油、挥发油及树脂等营养成分。挥发油即八角油，含有反式茴香醚约85.5%、顺式回香醚约0.4%、茴香醛约4%、桉树脑约3%、草蒿脑约1.3%、茴香酮约1%等28种成分。

三、食材功能

性味 味辛，性温。

归经 归肝、肾、脾、胃经。

功能

（1）《大明本草》记载："（八角）开胃下食，治膀胱痛、阴痛。"

（2）八角辛温芳香，行散之力较强，而有疏肝理气、暖肾散寒之功，尤能温散下焦之寒。故为治阴寒内盛，肝郁气滞之寒疝、睾丸偏坠、少腹冷痛之常用药。又能温中散寒、醒脾开胃，以治寒邪伤中、气机不畅之脘腹胀痛、呕吐食少之症。

八 角

（3）健胃：对胃肠起温和刺激作用，能减少肠胃气胀。

（4）镇痛：对胃肠痉挛痛或骨肉挫伤扭伤痛，都有一定的缓解作用。

四、烹饪与加工

烹饪

八角为最常用的调味品之一，为多种菜肴烹饪的必需品，更是五香粉的原料之一。其具有去腥除膻、增添食物香味等功能，可大幅提升食欲。在制作腌制食品，如腌制香菜、香椿时加入八角，则会明显增加食物风味。

加工

八角由八角熟果干制而成，分为春果和秋果两种。前者产量较少，约占年产量的20%，后者约占年产量的80%。前者果实成熟期为3—4月，后者果实成熟期为9—10月。果实由青变为黄色，即可采摘。其加工方式为晾晒或烘干，通常装入麻袋置于阴凉干燥处保存即可。

五、食用注意

（1）八角具辛温提火特性，热症患者、阴虚火旺者不可食用。

（2）八角因含易挥发油，因此加热不宜过于剧烈，以防芳香遗失。

（3）八角适用于多种烹饪方式，卤、炸、酱、烧、煮皆可，尤其在烹饪牛肉、兔肉等菜肴时被经常使用，具有去腥除膻、增添食物香味等功能，可大幅提升食欲。

（4）炖制肉类食物时，宜于下锅时加入八角，其香味方能彻底释放，肉味芳香可口。

（5）在制作腌制食品，如腌制香菜、香椿时加入八角，则会明显增加食物风味。

刘邦与八角

相传，汉高祖刘邦（前256—前195）在一次行军中，因天热口渴，多饮了山泉凉水。没过多久，他就开始脘腹冷痛不止，呕逆不思食，一时无法带兵。这时有一位白发老翁献上了八角丸，刘邦服药即愈。刘邦大喜，回都城咸阳后，下令立碑将八角救驾之功载于其上，后被传为佳话。

八角树是一种常绿乔木，人工栽植不过四五百年的历史，果实奇特，呈齿轮形，每个由7～9个果荚组成，多数是8个，所以得名“八角”。

关于八角的记载，最早见于南宋周去非（1134—1189）所著的《岭外代答》。其中的“花木门”中有关于八角的记载：“八角，出左右江蛮峒中，质类翘，尖角八出，不类茴香。而气味酷似，但辛烈，只可合汤，不宜入药。中州士夫以为荐酒，咀嚼少许，甚是芳香。”当时人们还不知八角可入药，只知可用作调味品。

《大明一统志》载：“土产占城国（今越南中南部），今四川、湖广永州府祁阳（今湖南省祁阳县）等县所贡，多由舶上来者。苗叶传闻，未谙其的。据其形，大如钱，有八角，如车辐而锐，赤黑色，每角中有子一枚，如皂荚子，小扁而光明可爱，今药中多用之。”

明朝李时珍（1518—1593）在《本草纲目》中记述：“自番舶来者，实大如柏实，裂成八瓣，一瓣一核，大如豆，黄褐色，有仁，味更甜，俗呼舶茴香，又曰八角，广西左右江峒中亦有之。”

八角具有开胃、下气、散寒、驱虫、消滞振食、祛风、健胃止呕、祛寒、兴奋神经等功效，对便秘、腰重刺胀、小腹气坠、膀胱疝痛等均有疗效。因其性温、味辛，还可用于治疗寒呕逆、寒疝腹痛、肾虚腰痛和干、湿脚气等症。

梁实秋（1903—1987）在《雅舍谈吃》中称："栗子是甜滋滋的，加上咸，别有风味。煮时不妨加些八角之类的香料，冷食热食均佳。"梁实秋是美食家，美食家离不开八角。普通百姓也离不开八角，炒菜的时候，油热了，捏几个八角一烹，满屋清香。

芥末

天寒地冻泥中精，寒食交过花黄艳。
入喉三分香辛苦，调就膏泥驱荤腥。

——《芥末》（清）周晓芸

一、物种本源

拉丁文名称，种属名

芥末，通常是指由十字花科芸薹属植物芥菜（*Brassica juncea* L.）的成熟种子加工而成的粉状或糊状调味品。

形态特征

芥菜为一年生草本植物，常无毛，有时幼茎及叶有刺毛，带粉霜，有辣味。叶片呈卵形，有2~3对裂片，或不裂，边缘有锯齿。花呈黄色，花瓣呈倒卵形。长角果呈线形，种子呈球形，紫褐色。花期为3—5月，果期5—6月。

芥菜的叶子盐腌后可食用；种子及全草可入药，具有化痰平喘、消肿止痛的功效；种子磨粉即为芥末，是一种天然调味料；种子还可榨油，榨出的油称芥子油。

芥 菜

习性，生长环境

芥菜喜冷凉湿润的环境，忌炎热干旱，不耐霜冻，需较强光照条件。芥菜对土壤条件要求不太严格，适宜在土壤肥沃、土层深厚、灌排水条件良好、光照充足、通透性较好、保水保肥的中性壤土种植。芥菜原产于亚洲，在我国各地均有分布，多分布于长江以南地区。

二、营养及成分

经测定，每100克芥末所含主要营养成分包括热量490千卡、碳水化合物35.7%、粗蛋白23.6%、粗脂肪29.9%、纤维素7.2%，其他还有维生素及多种矿物质，如芥子酶、芥子碱等。

三、食材功能

性味 味辛，性温。

归经 归肺经。

功能

（1）《中华人民共和国药典》记载：“（芥末）温化寒痰，通络止痛。”

（2）芥末利气豁痰，除寒暖中，散肿止痛，对咳嗽反胃、痹木脚气、筋骨腰节诸痛及食欲不振等症的食疗助康复效果极佳。

（3）芥末对胃黏膜有轻度刺激性，可产生轻度恶心感，还可反射性地增加气管黏液的分泌而达到祛痰效果。

（4）芥末可作为外敷药品，能够通过刺激皮肤使局部发热、充血，降低甚至祛除疼痛感。

四、烹饪与加工

烹饪

芥末通常有两种类型，分别为绿芥末和黄芥末。在制作生肉腌制食品、泡菜和沙拉时最为常用，与生抽同时使用对生鱼片进行调味，味道极佳。

加工

芥菜的种子经干燥后可加工成芥末粉。芥末粉除了辣味外，还略带苦味，在烹饪时往往需要加工成香辣可口的芥末糊，才能用于调味。先将芥末粉用温开水和醋拌开，再加入植物油和糖搅拌均匀，然后静置几小时，使得苦味消除，即可制成美味的芥末糊。芥末糊具有一定的解腻功效，可使菜肴味道更加浓郁芳香。

五、食用注意

（1）阴虚内热及肺燥干咳者，不宜食用芥末。

（2）烹饪时，需注意控制使用量，切不可大量添加，否则极易伤胃。

（3）高血脂、高血压、心脏病患者根据口味可少量添加。

（4）孕妇以及胃炎、消化道溃疡患者忌食芥末；患有眼疾人群应尽量少食，不可大量添加。

（5）市场常见芥末制品为粉末状或糊状，其中色泽亮丽、干净无杂质者为上品。其保质期通常为半年，不可长时间储存，不用时应注意密封，并在常温下置于干燥阴凉处。若发现油脂且变味，则说明已开始变质，不可再食用。

（6）当前，芥末的“养生”“食疗”功效被广泛宣传，人们普遍认为其具备解毒功效，尤其对于鱼蟹之毒的解毒效果较好。

济公吃鱼片

相传，初夏的一天，济公（1148—1209）跑出净慈寺，来到杭州西湖边的一家大饭店，向饭店老板讨点鱼肴开开荤。

饭店老板看济公疯疯癫癫，是帽儿破、鞋儿破、浑身袈裟破，手中扇子又脏又破，心中有十二分不快活，于是便对济公大声喝道："疯和尚，少啰唆，快给我滚远点！"

济公说："贫僧来都来了，往哪滚？怎么滚法子？你先滚个样子让我学学看啰！"

说着，他便进了饭店，拣了张靠窗口近湖面的桌子坐下来，脱下一只破鞋，把脚跷到桌子上，挠起脚丫来。

店老板见了更生气，叫店小二赶济公走。济公不听，店小二就动手来拖。

济公像打在地上的木桩一样，纹丝不动，怎么也拖不走。

就在店小二向老板回报拖不走济公之际，济公挥动手中的破芭蕉扇，口中念念有词："鱼儿鱼儿快快来，贫僧今天要开斋！"

果然，一条大黑鱼跃出湖面，破窗而入，在桌上活蹦乱跳。

济公用破扇子当刀，在桌上打鳞、破肚、净肠、开片、眨眼工夫完成。然后他又用芭蕉扇对准鱼头、鱼骨、鱼尾一扇，扇向湖面，这些又变成一条完整的黑鱼游走了。

他又顺手从窗外的湖坎上揪了一把刚成熟的芥菜荚，放在手上一搓，用嘴一吹，把荚壳吹飞了，剩下一把芥菜籽。两手合掌将之磨成了芥末粉。

济公一手拿起酒葫芦，一手拿起鱼片蘸着桌上的芥末，边饮边吃边赏湖面风光。

从此，济公便成了蘸着芥末生吃鱼片的第一人。

桂皮

隔年一信到何迟，寄我浔州菌桂皮。
已向笼中储上药，只愁天下少良医。
情深远荷门生致，性在终于野老宜。
别与苏家传酿法，捣香筛辣味尤奇。

——《及门楼敬思自粤西远寄浔桂》（清）查慎行

一、物种本源

拉丁文名称，种属名

桂皮，通常是指由樟科樟属植物肉桂（*Cinnamomum cassia* Presl）的树皮干制而成的调味品。

形态特征

肉桂为中等大乔木。树皮灰褐色，老树皮厚达13毫米。一年生枝条呈圆柱形，黑褐色，有纵向细条纹，略被短柔毛；当年生枝条多为四棱形，黄褐色，具纵向细条纹，密被灰黄色短绒毛。叶互生或近对生，呈长椭圆形或近披针形，革质，边缘软骨质，内卷。叶片上面为绿色，有光泽，无毛；下面为淡绿色，晦暗，疏被黄色短绒毛。花呈白色，花梗被黄褐色短绒毛，花被内外两面密被黄褐色短绒毛。果实呈椭圆形，成熟时呈黑紫色，无毛。花期为6—8月，果期为10—12月。

习性，生长环境

肉桂喜温暖气候，适生于亚热带地区无霜的环境；喜湿润，忌积水；对光照的要求随着树龄增长而变化，幼苗喜阴，成龄后喜阳。肉桂属深根性树种，要求土层深厚、质地疏松、排水良好、通透性强的沙壤土或壤土，喜微酸性或酸性土壤。

肉桂原产于我国，现广东、广西、福建、台湾、云南等地区广泛栽培，尤以广西栽培为多。印度、老挝、越南和印度尼西亚等地也有栽培。

二、营养及成分

据测定，每100克桂皮所含主要营养成分包括热量258千卡、碳水化合物56.5%、纤维素28.7%、粗蛋白7.7%、粗脂肪6.9%，同时蕴含多种人体所需的微量元素和挥发油、黏质液等，为天然调味料。

三、食材功能

性味 味辛、甘，性大热。

归经 归肝、肾、脾经。

功能

（1）《珍珠囊》记载："（桂皮）补命门不足，治沉寒痼冷之病。"

（2）桂皮，气之厚者发热，辛甘温者是也。桂皮禀辛烈之性，气纯厚、浓烈，故下行益肾火之源。脾喜燥恶湿，正合脾之喜，可散寒邪而利气，温补脾肾之阳，下行而补肾，能导火归原以通其气。其色紫可通血脉，血随气行也，其性剽悍，能走能守，有温中、坚筋骨、通血脉、理疏不足、宣导百药之功效，对头痛、腰疼、出汗、咳嗽等症的康复有益。

（3）桂皮提取油对胃有缓和的刺激作用，能增强消化机能，排出消化道积气。

桂 皮

桂　皮

（4）桂皮提取油对中枢血管和末梢血管有扩张作用，能加快血液循环。

（5）桂皮提炼油具较高营养价值，能够重新激活脂肪细胞对胰岛素的反应能力，可极大提升人体葡萄糖代谢速度，可在一定程度上预防糖尿病。

四、烹饪与加工

烹饪

桂皮具有芳香气味，在烹制腥味浓烈的肉类时加入，具有很好的抑腥效果，为五香粉制作原料之一。早在西周时期，桂皮就已被用作肉制品的调味品，与生姜齐名。

桂皮分为桶桂和肉桂两种。前者即为嫩桂树皮，皮薄，在炒菜或烧肉时，可切碎加入；而后者味厚，最宜用于炖肉。

因桂皮具有良好的除腥、解腻和提香功效，因此，其常被用于肉类的烹饪。桂皮给两道著名的菜起到了点睛的效果。一为“九转大肠”，猪大肠具有较浓的腥味，且肥厚油腻，虽经过一系列烹饪手法的处理，但往往不能完全去除腥味，如在其将出锅之时加入桂皮粉末，撒于表面，则既能调香更能调色。二为“卤水鸭”，将桂皮置于热油炸制，制作成桂皮油，再将其均匀涂抹于卤水鸭表层更可增香。

加工

桂皮多于秋季剥取，阴干。使用肉桂、大叶清化桂的干皮和枝皮均可加工制成桂皮。

五、食用注意

（1）选择桂皮时，以干燥、色泽新、香气足者为佳，且一次不可大量加入。因其具有浓烈香味，加入过多会掩盖菜肴本身的味道，同时因其含有致癌类物质黄樟素，故应控制食用量，并尽量避免长时间食用。

（2）孕妇以及内火旺盛者、阴虚火旺者、热病伤津者、舌红无苔者，患干燥、更年期综合征人群，患出血性疾病者忌食。

（3）桂皮属燥热类调味品，因此更适宜于秋冬季食用。

肉桂治好西施咽痛

相传古代四大美女之一的西施，抚琴吟唱自编的《梧叶落》时，忽感咽喉疼痛，遂用大量清热泻火之药，症状虽得以缓解，但药停即复发。

后另请一名医，见其四肢不温，小便清长，六脉沉细，乃开肉桂一斤。

药店老板看罢处方，冷笑："喉间肿痛溃烂，乃大热之症，岂能食辛温之肉桂?"便不予捡药。侍者只得空手而归。

西施道："此人医术高明，当无戏言。眼下别无他法，先用少量试之。"

西施先嚼一小块肉桂，感觉香甜可口，嚼完半斤，疼痛消失，进食无碍，大喜。药店老板闻讯，专程求教名医。

名医答曰："西施之患，乃虚寒阴火之喉疾，非用引火归元之法不能治也。肉桂用于治喉间痈疮，属特殊情况。"

胡椒

沉香作庭燎，甲煎粉相和。
岂若炷微火，萦烟嫋清歌。
贪人无饥饱，胡椒亦求多。
朱刘两狂子，陨坠如风花。
本欲竭泽渔，奈此明年何。

——《和陶拟古九首（其六）》（北宋）苏轼

一、物种本源

拉丁文名称，种属名

胡椒，通常是指由胡椒科胡椒属植物胡椒（*Piper nigrum* L.）的接近成熟或完全成熟的果实经干制而成的调味品，亦被称为蛤蒌、椹圣。其味辛辣，形如椒，故而得名胡椒，然其并非椒。其生长时附于树干或其他物体攀缘向上，不可独立生长。

形态特征

胡椒为木质攀缘藤本植物。茎、枝无毛，节显著膨大，常生小根。叶厚，近革质，呈阔卵形或卵状长圆形，顶端短尖，基部圆，常稍偏斜，两面均无毛。花杂性，通常雌雄同株。浆果呈球形，无柄，成熟时呈红色，未成熟时干后变黑色。花期6—10月。

习性，生长环境

胡椒生长于荫蔽的树林中。其生长慢，耐热、耐寒、耐旱、耐风，不耐水涝，栽培土质以肥沃的砂质壤土为佳，排水、光照需良好。胡椒原产于东南亚，现广植于热带地区。我国台湾、福建、广东、广西及云南等地区均有栽培。

市场上最为常见的胡椒商品有两类，分别为黑胡椒、白胡椒。其原产地为亚洲热带地区，我国境内粤、桂、云、琼等地皆有种植。其即将成熟的果实经采摘、干制后呈黑色，为黑胡椒；成熟的果实采摘、干制、加工后，除去外皮，呈白色，为白胡椒。

二、营养及成分

经测定，每100克胡椒所含主要营养成分包括碳水化合物76.9%、粗

胡　椒

蛋白9.6%、不溶性膳食纤维2.3%、粗脂肪2.2%，还有钙、辣味成分和挥发油等，其中，挥发油主要包括胡椒醛、水茴香萜、隐酮、倍半萜苷等。胡椒为天然调味料。

三、食材功能

性味 味辛，性热。

归经 归胃、大肠经。

功能

（1）《新修本草》记载：“（胡椒）温中散寒，下气，消痰。”

（2）胡椒，质坚硬，气辛香，主入中焦，而温中散寒，味厚而下气，辛散而止痛，治心腹冷痛、呕吐吞酸、肠鸣泄泻、冷痢、阴疝、头痛、鼻渊、齿痛等。

（3）胡椒有抗惊厥、镇静、降血脂、利胆、升压、杀虫等功能，对感冒咳逆、寒气攻胃、赤白痢疾、反胃呕吐、小儿消化不良等症有食疗助康复之效。

四、烹饪与加工

烹饪

胡椒不耐高温，宜于食物烹饪好时加入少许即可。黑胡椒可与肉制品一同烹饪，时间一般不宜过长，以免风味成分挥发而损失。

加工

常用的胡椒有四种颜色：绿色、白色、黑色和红色。

白胡椒为成熟的胡椒采摘和去壳而得。因为壳上气味很重，所以白胡椒相对于黑胡椒味道更温和。然而，其粒内却具有更加浓烈的辣味，因此更适用于调配淡色酱汁，在鱼类烹饪和红烧菜系中被广泛使用。

绿胡椒为尚未成熟、未去壳的果实，常置于盐水、醋中延长其储存期，亦可干冷保存。相比于其他胡椒，绿胡椒辣味轻，新鲜且气味

温和，通常用于酱汁类调味品的料理。通过腌制或干冷获得的绿胡椒，其辣味更加柔和，适宜烹饪肉类食品。

黑胡椒为即将成熟的胡椒采摘和干燥而得，因而外壳为黑色褶皱状。与白胡椒相比，其具有更浓的香气，一般用于炖肉和火锅。

红椒为成熟的红色胡椒果实，其储存方式常为腌制等，其具有黑胡椒的强烈香气和绿胡椒的新鲜气味，但是辣度强于绿胡椒。

五、食用注意

（1）胡椒不应高温处理，只能在食物将要出锅时均匀添加少量。

（2）由于黑胡椒包含多种易挥发物质，如挥发油、胡椒辣碱和脂肪油等，因此与肉制品一同烹饪的时间不宜过长，否则会使辣味和香味损失。

（3）粉状的胡椒不能保存太长的时间，否则会散发掉辛香气味。烹制食物时，不可大量加入，食用过量不利于胃肠黏膜，可进一步引发充血性炎症，严重者可诱发痔疮、血压上升等不良后果。

（4）热性疾病患者应尽量不食用胡椒及其相关制品。

唐太宗与胡椒

据《唐太宗实录》记载：贞观年间，唐太宗（599—649）患气痢，腹痛，频繁泻痢，遍服名家医药，久治无效。眼见病情日趋严重，于是便发布诏令招募贤医。

皇宫有一卫士进献一民间单方，称用黄牛乳煎煮荜拨（胡椒科）内服可以医治。唐太宗服用之后果然治愈了他的腹泻痼疾。唐太宗看胡椒长得有点像桑葚，而且药效如神，便赐名为“葚圣”。

虽然病是治好了，但这荜拨究竟是一味什么药物呢？古代是无法鉴定的。但现在经过科学分析发现，它原是胡椒科的一种，含有胡椒碱和挥发油等成分。现代临床证实，它确有医治腹痛、腹泻、痢疾的功能。

砂仁

风味团头别有称，砂仁须向广南征。
蜜煎糖缠甘尤胜，香入烹调美更增。
疏利安胎胎可主，辛温开胃胃堪凭。
误吞铜铁金银物，一饮浓汤便不凝。

——《缩砂仁》（清）赵瑾叔

一、物种本源

拉丁文名称，种属名

砂仁，通常是指由姜科豆蔻属植物砂仁（*Amomum villosum* Lour.）的熟果干制而成的调味品，别名白砂仁、阳春砂仁和缩砂蜜等。

形态特征

砂仁为较大型草本类植物，最高可生长至3米高。果实呈椭圆形，完全成熟后为紫红色，干燥后变为褐色。种子呈多角状，黑褐色，香气浓烈，味略苦，凉性，干果更甚。花期为5—6月，果期为8—9月。

习性，生长环境

砂仁在我国分布较广，在云、贵、川、粤、琼等地均较为常见，其中，最为出名和品质最优者为阳春蟠龙金花坑所产。选取时，应挑选个体硕大、果仁饱满、厚重坚实者。砂仁制品丰富，经过长时间的开发，人们已研制出多种砂仁系列商品，如历史较为悠久的“春砂酒”、最近几年研发的“砂仁茶”和“春砂蜜”等，颇具特色，远销各地。阳春砂的产地主要为我国的粤、桂、琼等地区，而缩砂仁的产地则主要为东南亚地区，包括缅甸、越南、泰国等。砂仁成熟期为8—9月，此时亦为最佳采摘期，将成熟果实低温烘干，加工打碎便可食用，为天然调味料。

二、营养及成分

砂仁中所含的挥发性组分包括龙脑、樟脑和乙酸龙脑酯等，非挥发性组分主要包括五类，分别为糖、黄酮类、有机酸、酚类物质、无机化合物等。经研究发现，其在养护肠胃、降低血糖浓度、止泻镇痛等方面具有一定的疗效；因本源的不同，其所含的乙酸龙脑酯比例差异明显，阳春砂中所含比例为50.6%~69.3%，绿壳砂中所含比例为14.9%，海南砂中所含比例为12.6%。其叶含有莰烯、蒎烯和α–樟脑柠檬烯等物质，可提炼加工叶油。

三、食材功能

性味 味辛，性温。

归经 归脾、胃、肾经。

功能

（1）砂仁对治疗因湿阻、气滞引起的脘腹部痞满、胀痛等症具有疗效，可提升食欲；寒湿气滞人群食用，有祛湿顺气之效，通常和厚朴、陈皮、枳实等搭配食用；以砂仁为主，辅以党参、白术、茯苓等同用，

砂 仁

对脾胃气虚、痰阻气滞有疗效；针对因脾胃虚寒引发的呕吐、泄泻等症，可将其配以附子、干姜同用，效果甚佳。此外，在缓解妊娠呕吐、安胎等方面，砂仁也有一定功效。

（2）经研究证实，砂仁中的挥发油组分的抗氧化效果明显。通过对海南砂仁的深层次研究，一些研究人员采用4种差异性较大的溶剂萃取了其所含的乙醇提炼物，获得了5个分离部分，并对各个部分的抗氧化活性进行了测量，证实不同部分都具备一定的抗氧化功能，其中二氯甲烷与乙酸乙酯的表现最为突出。

（3）砂仁在调节肠胃蠕动、增强消化方面效果甚好，且可在一定程度上减轻人体肠胃痉挛；同时，其能促进胃液分泌，可温胃，缓解胃痛症状。砂仁还能调节胃酸分泌，能防止反胃吐酸，也能减少胃溃疡发生。

（4）砂仁入药以后能提高血小板的活性，防止血小板凝聚。另外，它还可以稀释血液，促进血液循环，能防止血栓生成，也能减少动脉硬化发生。砂仁还能理气安胎，最适合那些怀孕以后出现胎动不安和气虚呕吐的女性服用。

四、烹饪与加工

烹饪

砂仁配以猪腰蒸食，是一种历史悠久的民间养身食疗菜肴，可益气和中、和肾醒脾，对于小儿脾虚、久泄不止引起的脱肛具有疗效。

加工

取砂仁干果，裹以干布，借助工具将其制成碎末状，便制成了砂仁调味品。若是将其用于煲汤等，则不需制成碎末，直接取干果洗净放入即可，或者也可以去皮炒一下。

砂　仁

五、食用注意

（1）阴虚有热者忌服砂仁。

（2）食用砂仁偶见过敏反应，可能出现风团、皮疹等。

（3）肺结核活动期、支气管扩张、干燥综合征患者以及产妇忌食砂仁。

砂仁的故事

传说很久以前，广东西部的阳春县发生了一次范围较广的牛瘟。

全县境内方圆数百里的耕牛，一头一头地病死，唯有蟠龙金花坑附近村庄的耕牛没有发瘟，而且头头身强力壮。

当地几个老农民感到十分惊奇，便召集这一带的牧童，查问他们每天在哪里放牧，牛吃些什么草。

牧童们纷纷争说：“我们全在金花坑放牧，那儿生长着一种散发浓郁芳香、根系发达、结椭圆形果实的草，牛很喜欢吃。”

老农们听后，就和他们一同到金花坑，看见那里漫山遍野都生长着这种草。

老农们将其连根拔起，摘下几粒果实，放口中嚼食，一股香、甜、酸、苦、辣的混合味道沁人心脾，让人觉得十分舒畅。

大家品尝了以后，就想这种草既然可以治牛瘟，是否也能治人病？

于是，人们就挖了这种草带回村中，给一些因受风寒引起胃脘胀痛、不思饮食、连连呃逆的人吃，效果较好。

后来，人们又将这种草移植到房前屋后，进行栽培，久而久之便成为一味常用的中药材，这就是“砂仁”的由来。

丁香

丁香体柔弱，乱结枝犹垫。
细叶带浮毛，疏花披素艳。
深栽小斋后，庶近幽人占。
晚堕兰麝中，休怀粉身念。

——《江头四咏·丁香》
（唐）杜甫

一、物种本源

拉丁文名称，种属名

丁香，通常是指由桃金娘科蒲桃属植物丁香（*Eugenia caryophyllata*）的花蕾干制而成的调味品。

形态特征

丁香为常绿乔木，主干明显。叶对生，叶片革质，呈长椭圆形，表面光滑。花芳香，为红色或粉红色，花蕾初为白色，后转绿色，再转红色，花萼呈筒状。果实为卵圆形，红色或深紫色，内有种子1枚，呈椭圆形。

丁香的花蕾和果实均可入药。花蕾称公丁香或雄丁香，果实称母丁香或雌丁香。

习性，生长环境

丁香喜热带海洋性气候，较不耐低温和干旱，喜肥沃、深厚、疏松土壤。幼树喜阴，不耐烈日暴晒；成龄树喜阳光。丁香原产于热带地区，现我国长江以南地区皆有种植。

二、营养及成分

丁香含挥发油组分，包括丁香油酚、乙酰丁香油酚、β–石竹烯等；含三萜化合物组分，包括齐墩果酸、山柰酚等。雄丁香所含挥发油组分比例较高，为14%~20%。

三、食材功能

性味 味辛，性温。

归经 归脾、胃、肺、肾经。

功能

(1)《药性论》记载："（丁香）温中降逆，补肾助阳。"

(2) 丁香具浓郁香味，味道辛辣，可养脾胃，治呃逆呕吐、心腹冷痛、食少吐泻、肾虚阳痿等症。

(3) 丁香具备一定的抗菌效果，可促进胃液分泌，在一定程度上降低胃肠运动速度，刺激胆汁分泌，对于溃疡、缺氧、血栓具有预防功效。丁香对于凝血、促进血小板聚集、驱虫、降血压等有一定的作用，另对麻痹性肠梗阻、乳头疮、乳腺炎、小儿睾丸鞘膜积液、腰痛、胃痛、肝炎、食管炎、胆囊炎等症，具有食疗辅助作用。

四、烹饪与加工

烹饪

丁 香

丁香，也被称作公丁香、丁子香。味道辛辣、温性，在治疗胃寒、呃逆方面具有疗效，可镇痛祛风。取丁香花蕾加工干燥，烹饪时放入水中浸泡，制作出的食物香味四溢，尝丁香制品有麻舌、刺舌之感。在烹调食物时放3~4粒即可，即1~2克，不可多用。

丁香为制作卤水必需的调料之一，只要使用恰当，卤水香飘十里。以酱牛肉制作为例，除一些常规必需调味品如大料、茴香和草果等之外，只需放两颗丁香进去，整锅汤的香气顿时提升不少。制作火锅时，除了熬一锅好的汤头之外，锅底料的调配也很重要，除了牛油、辣椒、豆瓣、花椒、八角之外，丁香也起到画龙点睛的作用。

丁　香

加工

丁香为多年生植物，存活期可达百年以上，定点培植4~5年方可开花，15~20年为其盛产期。丁香每次花期时长3个月左右，一年开花2次，分别为4—6月、12月至翌年2月。采收时间在2—7月。花蕾含苞欲放、微带红色即可采收。采摘应选择天气晴朗之时，在其露水散去时取其花枝或花蕾。采摘后置于阳光下晾晒4~6天，待其干燥、容易折断即为丁香制品。保存时应注意防潮，保持通风良好，做好防鼠防虫措施。堆放时须注意留有空隙，以防受潮。尽可能单独保存，不可与有异味、毒害物质一同放置，以防受损变质。

五、食用注意

（1）丁香的烹饪加热时长不宜过长，因其具有高比例挥发油成分，受热时间过长会导致大量挥发。

（2）热病及阴虚内热者忌服丁香。

李隆基与丁香花

说起丁香的药用价值，还有这样一段传说，据说唐玄宗李隆基（685—762）爱吃生冷食物，一天深夜，突然腹部壅塞胀满，接着上吐下泻。太医诊治无效，遂张榜征召名医良药。

一乞丐得知，便去揭了皇榜，随侍卫进宫。

乞丐望了皇上一眼说：“脾胃乃仓廪之宫也。陛下饮食生冷，伤于脾胃，须用丁香等鲜花制成香袋，悬挂于室内，方可龙体安康。”

皇上命侍从遵嘱行事，当夜李隆基梦中又见乞丐，问他何人？

答曰：“八仙之一蓝采和是也。”数天后，即病愈。

这是一个传说，但是说明丁香具有温中降逆的功效。

豆蔻

寒玉细凝肤。清歌一曲倒金壶。
冶叶倡条遍相识，净如。
豆蔻花梢二月初。
年少即须臾。芳时偷得醉工夫。
罗帐细垂银烛背，欢娱。
豁得平生俊气无。

——《南乡子·寒玉细凝肤》
（北宋）苏轼

一、物种本源

拉丁文名称，种属名

豆蔻，通常是指由姜科豆蔻属植物白豆蔻（*Amomum kravanh* Pierre ex Gagnep.）的成熟果实干制而成的调味品，也被称作蔻仁，香气浓郁者为上品。

形态特征

白豆蔻为多年生草本植物。根茎呈匍匐状，粗大有节，近木质。茎丛生，直立，呈圆柱形。叶两面光滑无毛，近无柄；叶片呈卵状披针形，边缘近波状；叶舌呈圆形。穗状花序生于根茎上，呈圆柱形或圆锥形；花冠呈黄色，唇瓣透明倒卵形，黄色或带赤色花纹；花丝宽而有钩。蒴果近球形，呈白色或淡黄色。果皮木质，易裂为三瓣。果期一般为10—12月。种子为不规则多面体，呈暗棕色，有芳香味。

习性，生长环境

白豆蔻喜荫蔽，属浅根系作物；喜肥沃沙壤土，土壤透气排水良好时，生长旺盛；喜湿润环境，当土壤含水量大于20%、空气湿度大于80%时，适宜其生长。原产地为柬埔寨、泰国等地区。在我国，主要分布于云南，广东、广西、台湾等地区亦有栽培。

二、营养及成分

经测定，每100克豆蔻所含主要营养成分包括热量465千卡、碳水化合物43.2%、脂肪35.2%、膳食纤维14.4%、蛋白质8.1%，以及多种人体所需微量元素、维生素B_2、维生素E等物质。

三、食材功能

性味 味辛，性温，有香气。

归经 归肺、脾、胃经。

功能

（1）《开宝本草》记载：“（豆蔻）化湿行气，温中止呕。”

（2）豆蔻味辛性温，其气清芳，上行于肺以下气止逆，中入脾胃以化湿温中，为化湿行气、温中止呕要药，凡上中二焦的一切寒湿气滞诸症，皆可使用。

（3）豆蔻对于胃液分泌有增强作用，可刺激肠蠕动，并抑制肠内不正常发酵，通顺排出肠内积气，还可止呕。

（4）用白豆蔻三分，分数次含于口中，缓缓细嚼，既助消化，又除口臭。

（5）豆蔻果壳水煎剂对贺氏痢疾杆菌有抑制作用。

豆　蔻

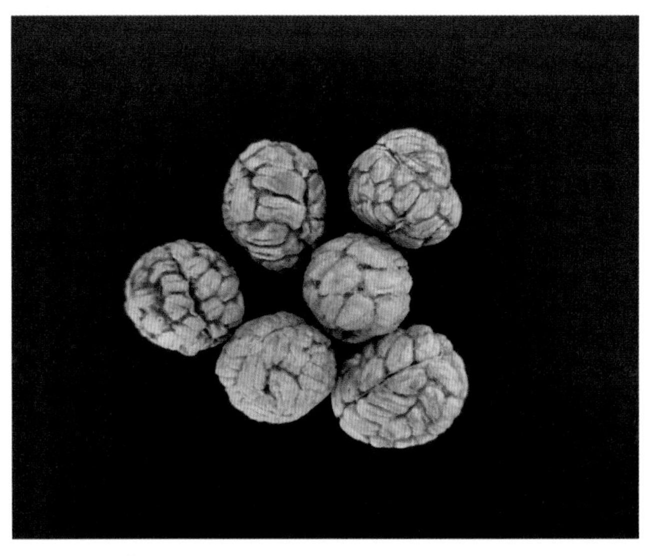

豆 蔻

四、烹饪与加工

烹 饪

豆蔻即白豆蔻，它与草豆蔻、肉豆蔻均为烹饪中常见的香辛料。白豆蔻气味苦香、味辛凉微苦，烹调中可去异味，增辛香，常用于卤水和火锅等的调味。

加 工

采摘白豆蔻的成熟果实，除去果皮，剥去假种皮，将种仁用45℃的低温慢慢烤干，不时地翻动，温度先高后低，干种仁摇之作响即可。若高于45℃，脂肪溶解，失去香味，则质量下降。新鲜的假种皮约含水分50%，将其放在棚内风干至色泽发亮、皱缩，再压扁后晒干，从鲜红色变为橙红色即为干假种皮（豆蔻衣）。

五、食用注意

（1）豆蔻可助热耗气，因此上火、有呕吐症状人群不宜食用。

（2）豆蔻不耐高温，烹饪时切不可将其炒熟。高温作用下，其分子结构将被完全破坏，其生鲜味将大量丢失甚至全部遗失，因此不可将其与食物同时下锅，亦不可长时间炒煮。温度过高或灼烧时间过长，豆蔻将挥发有害成分，不但起不到调味养身功效，反而会损害人体健康。

（3）豆蔻作为一类较为特殊的调味品和中药材，在食用时应特别注意禁忌。首先，胃火旺盛、胃病患者禁食。其次，容易口干口渴，或者大便干燥者不宜食用。最后，豆蔻可加重糖尿病病情，因此糖尿病患者禁食。

“豆蔻年华”的来历

“豆蔻年华”这个成语出自唐代诗人杜牧（803—约852）的《赠别》一诗：“娉娉袅袅十三余，豆蔻梢头二月初。春风十里扬州路，卷上珠帘总不如。”

这是诗人落魄于扬州期间写给一位少女歌伎的。

意思是说，姿态轻盈、举止优雅的少女，正值十三四岁的年华，就像二月初枝头上含苞待放的豆蔻花。看尽扬州城里十里长街的青春美佳人，卷起珠帘故作娇俏的美女没有一个比得上她。

此后，文人便常以“豆蔻年华”来称十三四岁的少女了。

在古老的中医学里也有“豆蔻”这种中药。以“豆蔻”为名的中药有四味，即白豆蔻、草豆蔻、红豆蔻和肉豆蔻。四味药中均富含挥发油，具芳香之气，性温而作用于中焦。因其名称相近，功用类同，临床应用大致相同。

千里香

月窟飞来露已凉，断无尘格惹蜂黄。
纤纤绿裹排金粟，何处能容九里香？
水尾山腰树影苍，一天风露不供香。
谁家镜里能消得，付与诗人古锦囊。
密密娇黄侍翠舆，避风遮日小扶疏。
画阑想见悬秋晚，无限宫香总不如。

——《次韵马少伊木犀》
（南宋）范成大

一、物种本源

拉丁文名称，种属名

千里香，通常是指芸香科九里香属植物九里香（*Murraya paniculate* L.），又名七里香、万里香、九秋香、过山香等。其根、叶、嫩枝和花皆可入药。

形态特征

千里香为小乔木。枝呈白灰或淡黄灰色，但当年生枝为绿色。叶呈倒卵形或椭圆形，黄绿色，薄革质，小叶柄甚短。花白色，芳香；花瓣呈长椭圆形，盛花时反折。果实呈黄至朱红色，阔卵形或椭圆形，果肉有黏胶质液，种子有棉质短毛。花期为4—8月，果期为9—12月。

千里香的花和叶

习性，生长环境

千里香喜温暖湿润气候，耐旱，不耐寒，以土层深厚、疏松肥沃的微碱性土壤栽培为宜，常见于离海岸不远的平地、缓坡、小丘的灌木丛中。在我国，主要分布于广东、广西、福建、海南、台湾等地区。

二、营养及成分

千里香的皮、根蕴含极其少量的茵芋碱和吲哚类生物碱月桂烯，其叶、花含有超过15类的精油，其中以γ–榄香烯为主，比例约为30%。花瓣、果、茎皮又含有不少于16类的“简构”香豆素，如月橘香豆素等。

三、食材功能

性味 味辛、略苦，性温，有小毒。

归经 归心、肝经。

功能

（1）《生草药性备要》记载：“（千里香）止痛，消肿毒，通窍，能止疮痒，去皮风，杀蠄疥。”

（2）《岭南采药录》记载：“（千里香）患百子痰打，用叶一撮，捣烂煮粥，和糖服之。”

（3）《广西中药志》记载：“（千里香）行气止痛，活血散瘀。治跌打肿痛，风湿，气痛。”

（4）千里香有疏通经络的功

千里香的籽

效，同时还可以治疗感冒，针对血气不畅通等症也有很好的疗效。当身体受损有淤血、肿胀等症状时，适量服食千里香，可明显减轻不良症状。现在很多治疗牙痛的药物中都加入了千里香，因为该药材可以有效地治疗牙痛以及牙龈肿痛等症。

四、烹饪与加工

烹饪

闽菜系中有一种以千里香为材料制作和命名的传统名小吃——福建千里香馄饨。千里香用于烹饪调味品时，可很好地去除异味，提升食物香气，增强辛味，也可用于配制各种卤汤及卤制牛肉、羊肉之用。

加工

千里香的功用如其名，就是用来增加香味的，同时在众多香料中，又有防腐的作用。千里香全年可采。叶阴干；枝和根切段，晒干或阴干。除去杂质，切碎后贮藏于干燥处。

五、食用注意

（1）体内阴虚者不可食用，因千里香比较燥热，而阴虚者中气不足，食用后会对身体造成负担。

（2）孕妇忌食。

千里香的故事

千里香，也叫九里香。传说在明朝时，江西有一位才子名叫罗洪先。某天，他和好友们一起乘船去九江，同船还有许多人。其中一位农夫想考考罗大才子，就给他出了道难题——对对联。农夫给出的上联是："一孤帆，二商客，三四五六水手，扯起七八叶风蓬，下九江还有十里。"

罗洪先思考了很久却无法对上。据说，此后几百年里也没有人能够对出完美的下联，直到1957年，刚好有一位名叫李戒翎的工人在寻找九里香木材，他委托一艘货轮从十里之外的地方将九里香木材运送回来，本以为会用很长时间，没想到两天就到了。于是，有人灵机一动，给出了下联："十里运，九里香，八七五六号轮，虽走四三年旧道，只二日胜似一年。"从此，九里香这种植物声名远扬。

草果

神农书本草，有美生南州。春华穗端垂，仿佛芙蓉秋。
青囊贮嘉宾，璀璨安石榴。香味极辛烈，果中第一流。
磊落入盘饤，和羹充肴修。温中与下气，功用亦罕俦。
苞苴走四海，药笼必见收。吾老苦病暍，淡味空频投。
作饮近得此，选择知独优。碧井沉银瓶，斟酌得自由。
蔗浆已觉俗，茗粥良可羞。乃知古圣人，收拾靡不周。
日遇七十毒，纵死夫何忧。但吾赤子多，疾苦庶有瘳。
大或仁者心，当与天地侔。

——《分题得草果饮子》（南宋）章甫

一、物种本源

拉丁文名称，种属名

草果，通常是指由姜科豆蔻属植物草果（*Amomum tsaoko* Crevost et Lemarie.）的成熟果实干制而成的调味品，既可作为香料使用，又可入药。全株可提取芳香油。

形态特征

草果为多年生草本植物。茎丛生，全株有辛香气，地下部分略似生姜。叶片呈长椭圆形或长圆形，两面光滑无毛，无柄或具短柄。穗状花序不分枝；总花梗被密集的鳞片，革质，干后呈褐色；花冠呈红色，裂片呈长圆形。蒴果密生，熟时为红色，干后呈褐色，不开裂，长圆形或长椭圆形，无毛，顶端有宿存花柱残迹，干后有皱缩的纵线条。种子为多角形，有浓郁香味。花期为4—6月，果期为9—12月。

习性，生长环境

草果喜温暖湿润气候，怕热，怕旱，怕霜冻，适宜在树木稀疏环境生长，以排水良好、疏松肥沃、富含腐殖质的砂质壤土栽培为宜。在我国，主要分布于云南、广西、贵州等地区。

二、营养及成分

草果种子及果皮中均含挥发油成分，包括樟脑、芳樟醇、香叶醇、草果酮等，种子内含量较高。草果可遮盖肉制品的腥膻味，提升香气，能够提高肉类食品的保存期。

三、食材功能

性味 味辛，性温。

归经 归脾、胃经。

功能

（1）草果具有燥湿化痰、避解瘟疫、截疟祛痰、祛寒止痛、调气消食、温中止呕等作用。

（2）草果食疗具有防治疟疾等效用。

（3）草果主治胸膈痞闷、脘腹冷痛、恶心呕吐、泄泻下痢、食积不消、霍乱、瘴疟，还能解酒毒、去口臭。

草　果

四、烹饪与加工

烹饪

草果本身带有极其浓烈的香味，除腥效果极佳，可大幅提升食欲，特别是在烹饪鱼类和肉类菜肴时，加入草果可使菜肴更加美味。草果是绝佳的烹饪调味品，有着“五香之一”的美誉。其气芳香，味辛辣。购买时，应选择个体硕大、厚实饱满、香味浓郁者。

加工

草果成熟期为秋季，此时采摘，去除杂质后自然晾干或低温加工去水，微炒、捣碎即可。草果能燥湿散寒，可以用来制作卤水。其香辛组分为挥发油，同时也蕴含一部分香叶醇和草果酮。

草　果

五、食用注意

(1) 气虚或血亏、无寒湿实邪人群禁食草果。

(2)《本草蒙筌》记载：“大耗元阳、老弱虚羸，不可服食草果。”

(3)《本草备要》记载：“草果忌铁。”

(4) 气血两虚、身体虚弱及年老者，食用草果时须控制量，多食会耗损阳气，虚弱加重；虚火旺盛人群禁食草果，以免燥热伤阴。

草果起源的传说

古时候，有一家人在地里忙活了一天，渐渐地天色晚了。

“你先带孩子回去做饭吧，我把这点活干完再回。”丈夫擦了把汗对妻子说道。

“嗯，干不完明天再来吧，你也早点回来。”妻子说着就带着两个孩子先回去了。

两个孩子都不到10岁，蹦来跳去的，相互嬉戏。回到家后，妻子抓紧时间做饭。

天黑了好一会儿后，丈夫才回来。“爸爸回来了，吃饭了!”在两个小孩的叫嚷声中，开饭了。

“嗯，饭好香。”一个小孩赞道。

“是啊，今天的饭你是怎么做的?”丈夫也诧异道。

“还能怎么做，还不是白米加水做出来的。”

妻子虽然也觉得今天的饭味道不一样，可她也不知道其中的缘由。

丈夫跑到锅边看了看，没发现什么不同，只看到锅边有几颗草果，又扒开饭找了找，发现里面也有几颗草果，已经煮得变了样。“原来这草果是种香料啊。”丈夫恍然大悟。

原来，在妻子做饭的时候，两个小孩拿着从山上摘的颜色艳丽的草果扔着玩，不巧有几颗草果掉进了锅里，这才做出了这锅特别香的饭。从此，草果便被人们用作香料广为流传。

香叶

香叶由来耐岁寒，几经真赏驻鸣銮。
根通御水龙应蛰，枝触宫云鹤更盘。
怪石误蒙三品号，老松先得大夫官。
知君劲节无荣慕，宠辱纷纷一等看。

——《景福殿前柏》（宋）王安石

一、物种本源

拉丁文名称，种属名

香叶，通常是指由樟科月桂属植物月桂（*Laurus nobilis* Linn.）的叶干制而成的调味品，是一种颇受欢迎的常见香料。其用途广泛，既能用来制作腌制食品，又能用来炖菜和制作馅料等。

形态特征

月桂为常绿小乔木或灌木，树皮黑褐色。叶互生，呈长圆形或长圆状披针形，革质，上面暗绿色，下面稍淡，两面无毛；叶柄新鲜时呈紫红色，略被微柔毛或近无毛。花小，呈黄绿色。果实为卵珠形，熟时呈暗紫色。花期3—5月，果期6—9月。

香　叶

习性，生长环境

月桂喜光，稍耐阴；喜温暖湿润气候，也耐短期低温；不耐盐碱，怕涝；以深厚、肥沃、排水良好的壤土或沙壤土种植为宜。月桂原产于地中海一带，目前我国浙江、江苏、福建、台湾、四川和云南等地区均有引种栽培。

二、营养及成分

香叶中含有芳香挥发油，主要包括芳樟醇、丁香油酚、牛儿醇、桉叶素、松油醇、乙酰丁香油酚、甲基丁香油酚、α-蒎烯、水芹烯等；还含有倍半萜内酯，如大牻牛儿内酯、月桂烯内酯、木香烯内酯、南艾蒿烯内酯、过氧南艾蒿烯内酯等成分。

三、食材功能

性味 味辛，性温。

归经 归脾、胃、肺经。

功能

（1）香叶对于祛除风湿有极好效果，能止痛行气，还能杀虫。当

香　叶

作为烹饪调味料时，其对身体益处良多，可促进人体胆汁分泌、帮助消化、增强体质。在临床上，其常与其他中药材配合使用，在改善身体素质方面具有不错的疗效。

（2）经临床研究证实，香叶对于多种原因导致的皮肤病变具有明显的医治功效，同时可提升人体免疫力。另外，对于跌打损伤引起的局部组织损伤，也可以使用香叶进行局部治疗，具有良好的作用。

四、烹饪与加工

烹饪

烹饪时，香叶主要用来对酱、汤和煲类菜肴进行调味。干叶亦可作罐头的矫味剂，为西餐常用芳香调味料之一。因其具有浓烈香味，因此在调制、烹饪肉类菜肴时，加入少许即可，过量将掩住肉类原有的味道。以普通家庭炖肉为例，一大锅的炖制食物加入少许香叶粉末即可，即用湿润筷子沾上少许；若是直接加入月桂叶，一大锅的炖制食物最多加入一小片叶子即可；若将其用于制作酱料，一般尽量选取小片叶子添加。

加工

月桂叶太硬，无法生食，多用于烹饪调味或入药。人们多于秋季采摘叶片，干燥后除去杂质，筛去灰屑储藏。月桂的新鲜叶片具浓郁的香气，并伴随强烈的苦味，干燥后苦味消失，香气不减。干燥时，应选择阴干，不得暴晒，可轻压使其平整。

五、食用注意

（1）患皮肤病、传染病人群禁食。

（2）阴虚、阳虚、气弱体质人群不可食用。

香叶的故事

埃及人用月桂用得极多，它也备受罗马人的青睐，罗马人视之为“智能、护卫与和平”的象征。人们也常将月桂树与医疗之神阿波罗联系在一起。月桂的拉丁字源Laudis意为“赞美”，所以在奥林匹克竞赛中获胜的人，都会受赠一顶由月桂编成的花环，而“桂冠诗人”的意象，也正是由这个典故衍生出来的。

相传，若将一片月桂叶（即香叶）置于枕下，你就能梦到好的预兆。而比较实际一点的用法，是把它加在汤或酱汁里。长久以来，人们都这么做的原因在于月桂能促进唾液分泌以帮助消化。在希腊，人们仍在教堂的楼层上遍洒月桂叶，这大概是要借重它的抗菌特质。月桂树的材质很结实，所以人们常用它来做手杖。

青皮

青皮主气滞，破积结，少阳经下药也。陈皮治高，青皮治低。

——《珍珠囊》（金）张元素

一、物种本源

拉丁文名称，种属名

青皮，通常是指由芸香科柑橘属植物橘（*Citrus reticulata* Blanco）及其变种橘类的未熟果皮、幼果皮干制而成的调味品。

形态特征

柑橘为小乔木。分枝多，枝扩展或略下垂，刺较少。单生复叶，叶片呈披针形、椭圆形或阔卵形。花单生或2~3朵簇生。果形种种，通常为扁圆形或近圆球形。果皮甚薄而光滑，或厚而粗糙，呈淡黄色、朱红色或深红色，甚易或稍易剥离；橘络甚多或较少，呈网状，易分离，通常柔嫩。果肉酸或甜，或有苦味，或另有特异气味。种子或多或少，稀无籽，通常为卵形。花期为4—5月，果期为10—12月。

习性，生长环境

柑橘分布广泛，在我国川渝、粤闽和江浙赣等地常见。广东新会、四会、广州近郊出产的青皮品质最好，而川渝两地为出产大户。

二、营养及成分

青皮的核心组分为挥发油类，如柠檬烯、蒎烯、麝香草酚、芳樟醇等。

三、食材功能

性味 味苦、辛，性温。

归经 归肝、胆、胃经。

功能

（1）《本草纲目》记载：“青橘皮，其色青气烈，味苦而辛，治之以醋，所谓肝欲散，急食辛以散之，以酸泄之，以苦降之也。陈皮浮而升，入脾肺气分，青皮沉而降，入肝胆气分，一体二用，物理自然也。小儿消积，多用青皮，最能发汗，有汗者不可用，说出杨仁斋《直指方》，人罕知之。”

（2）《本草图经》记载：“（青皮）主气滞、下食，破积结及膈气。”

（3）《本草纲目》记载：“（青皮）治胸膈气逆，胁痛，小腹疝气，消乳肿，疏肝胆，泻肺气。”

（4）青皮有祛痰、平喘作用，主要作用物质为柠檬烯。

（5）青皮在预防和治疗急性过敏性、组胺性休克方面都有不错的效果。

四、烹饪与加工

烹饪

青皮山楂粥：取青皮、山楂适量，清水清洗干净，置于锅中煎炒，去除渣滓，留汁备用。取粳米适量，洗净后与备用汁一起下锅熬粥，待熬制好之时，根据口味添加适量红糖，调制均匀即可。

青 皮

加工

柑橘幼果采摘期为5—6月，将自然掉落的幼果置于阳光下晒干制成的青皮，通常被称为“个青皮”；未熟果的采集期为7—8月，此时可将其分成四瓣，完全去除其瓤瓣，然后置于阳光下晒干即可，习称“四花青皮”。

青　皮

青皮：将原材料去除杂质，然后用水清洗干净，切成片状或丝状，置于阳光下晒干，过滤掉杂质即可。

醋青皮：将适量青皮丝或片，加入醋，搅拌均匀，放置一段时间，待醋浸透后，文火炒制，待其变为微黄，即可取出晾凉。

麸炒青皮：将炒锅预热，加入适量麸皮后中火翻炒至冒烟，此时取适量青皮丝或片投入，快速翻炒至变为黄色，过滤掉麸皮，放置冷却即可。

五、食用注意

（1）气虚者慎服青皮。

（2）《仁斋直指方》记载：“有汗者不可用（青皮）。”

（3）《本草蒙筌》记载：“老弱虚羸，尤宜全戒（青皮）。”

（4）《本草经疏》记载：“肝脾气虚者，概勿使用（青皮）。”

青皮的故事

素女是玉皇大帝的侍女，长得非常美丽，因一身肌肤洁白如雪、晶莹如玉、润滑如脂，故名为素女。

素女是鼓瑟的高手，每当她鼓起五十弦的瑟时，那鸾鸟会不由自主地随瑟鸣唱；凤凰会情不自禁地翩翩起舞；灵寿之树也纷纷绽开了花朵。

素女和玉皇大帝手下的天神大鸿相爱了。大鸿英武勇敢，背上长着一对翅膀，一展翅能飞好几千里，故称大鸿。

玉皇大帝为素女和大鸿举行了隆重的婚礼。婚后，夫妻二人恩恩爱爱、和睦美满。

每当春暖花开的时候，大鸿展开双翅，带着素女飞到山川秀美的地方游玩，欣赏大自然的绮丽风光；而在月明星稀、清风徐拂的夜晚，素女为大鸿鼓瑟吟唱。他俩都被认为是天上人间最幸福的情侣。

可是好景不长，人间蜀地境内有蛇妖兴风作浪。大鸿作为玉皇大帝的得力干将，当然要出征。临别前，大鸿和素女二人紧紧拥抱，难舍难分。

素女泪流满面地嘱咐大鸿：“蛇妖凶残狠毒，你要小心谨慎，我等着你凯旋。”

大鸿回答：“你在家要多多保重，勿以我为念。”

大鸿走后，素女总会来到山林之中，在她和大鸿常行常坐的地方，鼓起她心爱的瑟。

每当这时，树林静止，河水不流，飞鸟不起，猛兽不动，似乎都沉浸、凝固在乐曲之中。

恶战终于结束。天兵天将班师回朝，喜讯传来，上下一片欢腾，素女心中欣喜不已。她梳洗打扮，换上最喜爱的衣裙、头饰，可是等来的却是大鸿牺牲的噩耗。

玉皇大帝的眼中噙满泪水，他轻轻说道：“素女，你要镇静。大鸿他是个勇敢的人，在一次激烈的战斗中，他不幸阵亡。”

素女听了犹如五雷轰顶、天塌地陷，一阵心痛后便晕了过去。大鸿的遗体运回后被埋葬了。

素女的泪早已哭干。白天黑夜，她只是抱着五十弦的瑟，在大鸿的坟前，倾诉她绵绵不尽的悲哀和思念。瑟声悲惨哀切，弹得天地动容。

不久，在墓旁长出了一株小树，还结了果子，这就是青皮树。后来，人们发现这果实竟然是一味药材，治好了很多人的病。后人为感谢素女，为她设立了神庙，并为她和大鸿凄美的爱情而悲叹。

罗汉果

黄实累累本自芳，西湖名字著诸方。
里称胜母吾常避，珍重山僧自煮汤。

——《赋罗汉果》（南宋）张栻

一、物种本源

拉丁文名称，种属名

罗汉果，通常是指葫芦科罗汉果属植物罗汉果（*Siraitia grosvenorii* Swingle）的果实，被誉为“神仙果”。

形态特征

罗汉果为攀缘草本植物。根多年生，肥大，为纺锤形或近球形。茎、枝稍粗壮，有棱沟。叶片呈心状卵形，膜质，有缘毛，叶面绿色，叶背淡绿，两面有柔毛。花单性，雌雄异株。雄花腋生，花冠黄色。雌花单生，或2~5朵集中于总梗顶端。果实呈球形或长圆形，有黄褐色茸毛。果皮较薄，干后易脆。种子为淡黄色，近圆形或阔卵形。花期5—7月，果期7—9月。

习性，生长环境

罗汉果属于短日照作物，喜湿润多雾、阴凉，要求昼夜温差大，无霜期长，雨量充沛、均匀，忌积水受涝，不耐高温；喜疏松肥沃、排水良好、深厚且湿润的土壤。罗汉果常生于海拔400~1400米的山坡林下、

罗汉果

河边湿地和灌木丛林中。在我国，主要分布于广西、广东、贵州、湖南、江西等地区。广西永福、临桂等地已将其作为重要的经济作物栽培。

二、营养及成分

每100克罗汉果所含主要营养成分见下表所列。

热量	169千卡	钙	40毫克	锌	0.9毫克
膳食纤维	38.6克	镁	12毫克	铜	0.4毫克
碳水化合物	27克	钠	10.6毫克	核黄素	0.4毫克
蛋白质	13.4克	烟酸	9.7毫克	硫胺素	0.2毫克
脂肪	0.8克	维生素C	5毫克	视黄醇	17.3微克
磷	180毫克	铁	2.6毫克	胡萝卜素	2.9微克
钾	134毫克	锰	1.6毫克	硒	2.3微克

三、食材功能

性味 味甘，性凉。

归经 归肺、脾经。

功能

（1）罗汉果味道甘甜，凉性，可清肺润肠，是难得的中药材。取适量罗汉果，以开水冲泡，清凉可口，不但能够生津醒目，更有助于预防呼吸道感染，坚持服用可增强人体免疫力，延年益寿。其汁为烹饪佳品，清香可口，有着“神仙果”的美誉。

（2）罗汉果归肺、大肠经，中医常用以治疗肺热、肺燥咳嗽、百日咳等症；同时，其对于通便润肠也有较好的疗效。经检测，罗汉果中含有一类特殊的甜味素，为蔗糖甜度的300倍，但不会形成热量，因此对于喜爱甜食而惧怕发胖者、糖尿病患者而言，其为不可多得的理想食品。

四、烹饪与加工

烹饪

罗汉果常被用作茶品，浸泡前，在其头、尾各钻一小洞，然后放入杯中倒入开水，这样其营养物质便可充分溶解于水中，泡出的罗汉果饮品色泽红润、散发芳香、味美怡人。

罗汉果

此外，罗汉果亦可作为烹饪辅料，煲汤时适量加入，可提升汤汁的甘甜度，食用后滋肝降火。以罗汉果猪肺汤为例，先将猪心肺切成块状并除去泡沫，再将其与罗汉果同时置于锅中，加入清水煮至熟透，根据口味添加调料。这样制作出的汤品不但汤鲜味美，更有润肺化痰、滋阴补肾的效果。罗汉果搭配雪梨、枸杞、麦冬，加适量水熬制成汤，是一种饭前开胃的绝佳饮品。

总体而言，罗汉果被广泛和大量地运用于菜肴烹饪和制作之中，在卤水、酱汤、烧菜、炖菜的烹制中都是常用的调味料。在卤水中加入罗汉果可以去除卤水中的各种苦味，增加汤品的清甜口感，适合用来制作各种白卤水。从营养学的角度讲，其不适合用于调配辣味卤水、红卤水，因为与里面的物质药性不和，而制作白卤水最能将其本身味道和药用价值充分利用。

罗汉果所具备的特殊甜味是烹饪大师的最爱。以罗汉果鸡煲为例，广西大厨就是利用罗汉果制作的白卤水加上肥嫩的小母鸡加工而成的。在炖制肉类食物时，加入适量罗汉果，可令菜肴甜而不腻，甜中蕴含果香味，这是蔗糖、麦芽糖等无法代替的甜味。

在制作鸡、鸭、鹅等禽类时，可以将罗汉果与其他香辛料一起放入纱布包里使用，会使原料味道非常柔美。罗汉果的个头比较大，整个使用会影响菜肴的美观度，可以将其加水煮成味汁使用，其味道清香，非常适合用于各种炒菜调味。另外，因为炒菜的加热时间比较短，无法将罗汉果的味道充分激发出来，所以用罗汉果汁给蔬菜等原料调味更理想。罗汉果可以与猪小排一起小火熬成汤汁，用其汤汁制作西芹百合，只需撒点盐，味道就非常鲜美，这种味道是添加其他调料无法调配出来的。

加工

采收罗汉果时，应选择成熟果实。判断罗汉果是否成熟主要看果色、果柄和果实弹性。果色由浅绿色渐变为深绿色，果柄近果蒂处变为黄色，用手轻捏果实感到坚硬并富有弹性，这样的果实即为熟果。采收时机应选择晴天或阴天。为防止挤压而损坏果皮，采收者应轻拿轻放，并将罗汉果置于硬质包装物中，不宜使用麻袋等软质包装物。值得注意的是，刚采摘的罗汉果含有大量水分，且糖分尚未彻底转化，如立即烘烤，可能会出现果实爆裂、甜味不足等问题。因此，必须经过一段时间的糖化后熟、发汗过程，才能进行烘烤干燥。

五、食用注意

经期女性慎食罗汉果，脾胃虚寒人群不可食用。

罗汉果的故事

很久以前，广西某地有个古老的瑶寨。寨中有位姓罗的樵夫，父亲早逝，和母亲相依为命。他勤于劳作，孝敬母亲，深得乡亲们的赞赏。

一年秋天，樵夫的母亲患了风寒症，整天咳喘不止，异常痛苦。樵夫看在眼里，疼在心上，但家中一贫如洗，根本没有余钱请郎中诊治。无奈，他只好更加努力地上山砍柴，希望以卖柴所得的微薄银两为母亲求医问药。

一天砍柴时，他不小心砍中一个马蜂窝，顷刻间马蜂嗡嗡乱飞。樵夫在惊恐中连连后退。裸露着的手臂被一只奇大无比的马蜂狠狠一蜇，被蜇处立即变得红肿起来，疼痛不已。樵夫感到心悸气促、头晕目眩。他独自置身于僻静的山中，无医可求，自己又不识草药药性，更不懂得对症治疗，真是叫天天不应、叫地地不灵。无奈之下，他只好强忍着剧痛和头晕心悸，踉踉跄跄地向山下走去。

走了长长的一段崎岖山路后，他感到累了，于是坐下稍作休息。不经意间，他闻到一阵水果的香味。他心想：奇怪，在这荒无人烟的山野中，哪来的水果？环顾四周，他看见不远处的青藤上结满了形似葫芦的野果。他走上前去摘下一只，狼吞虎咽地吃了起来。没想到这野果不仅香甜可口，而且清凉怡人。

他突发奇想：说不定把清凉的果汁涂在伤口上，会缓解疼痛呢。于是，他把果汁往伤口上涂，很快他感到伤口处有一种说不出的清凉感！更意想不到的是，伤口处的疼痛竟开始缓解。没过多久，红肿疼痛竟然消失了。惊喜之余，他便摘了好些野果带回家中给患病的母亲。樵夫母亲吃后便觉得润喉清凉、神清气爽，第二天咳喘便有所减轻。见这果子不但好吃，而且有助于母亲病情缓解，樵夫高兴极了，于是天天上山采摘。连续吃了一个多月后，母亲的咳喘病竟不治而愈。

母子二人喜不自胜，逢人便说这野果的神奇功效。他们采摘很多，晒干备用。每当遇上患有咳喘病的穷人，便免费送上，教病人煎水饮用，因此治愈了不少患咳喘病的穷人。

恰逢一位名叫汉的郎中，周游各地悬壶济世，行至此地听闻此事，于是亲临樵夫家中品尝。汉郎中还在樵夫的带领下上山采摘，潜心研究。经过一段时间试用，汉郎中发现此野果性凉味甘，具有清肺止咳、化痰平喘、利咽润喉和润肠通便的功效，于是广泛用于民间。

由于樵夫姓罗，郎中名汉，后人为缅怀他们，便把这种野果称为罗汉果。

参考文献

1. 盐

[1] 程月红，冯炜，李静，等. 多品种食盐的发展和研究现状 [J]. 食品安全质量检测学报，2019，10（16）：5250−5254.

[2] 师景双，于艳艳，任雪梅，等. 我国食盐行业现状及盐业体制改革分析 [J]. 中国调味品，2020，45（11）：195−197，200.

[3] 夏建军. 古今盐文化解读 [J]. 中国盐业，2019（11）：40−45.

2. 酱油

[1] 陈杰，赵莹，何一龙，等. 酱油中风味物质形成的研究进展 [J]. 农产品加工，2021（9）：89−93，96.

[2] 于林，陈义伦，吴澎，等. 我国史籍记载的酱及酱油历史起源研究 [J]. 山东农业大学学报，2015，17（1）：15−17，22.

[3] 张华米，付健，刘凯. 酱油发酵工艺及改善酱油风味的方法探析 [J]. 饮食科学：下半月，2020，（8）：152.

3. 醋

[1] 吴亚楠，李林洁，刘小菁，等. 传统食醋主要有机酸组成综述及其风味特征分析 [J]. 中国调味品，2021，46（1）：161−165.

[2] 阳飞，张华山. 食醋及其营养保健功能研究进展 [J]. 中国调味品，2017，42（5）：171−175.

[3] 秦伟军. 浅谈我国食醋生产技术及质量安全 [J]. 中国调味品, 2019, 44 (7): 195-197, 200.

4. 味精

[1] 王延群. 味精贵用巧　禁忌须知晓 [J]. 养生月刊, 2021, 42 (5): 418-420.
[2] 董晨曦. 中式烹饪的科学化与营养化 [J]. 中国食品, 2021 (16): 146-147.
[3] 黄继红, 蔡凤英, 关丹, 等. 中国味精工业100年综述 [J]. 中国调味品, 2020, 45 (3): 167-171.

5. 佐料酒

[1] 长红. 料酒小档案 [J]. 饮食科学, 2009 (9): 23.
[2] 严君. 用好调味品　健康又美味 [J]. 食品与健康, 2022, 34 (5): 30.
[3] 高向阳, 王彦花, 郭楠楠. 谷物酿造料酒氨基酸态氮含量和级别的快速检测 [J]. 食品安全质量检测学报, 2021, 12 (18): 7293-7297.
[4] 余美丽, 陈翔, 裴斐, 等. 液态发酵法制备料酒及其风味图谱分析 [J]. 酿酒, 2020, 47 (6): 56-59.

6. 糖

[1] 董肖强. 中国糖业大变局 [M]. 北京: 学苑出版社, 2014.
[2] 穆素洁. 中国: 糖与社会: 农民、技术和世界市场 [M]. 叶篱, 译. 广州: 广东人民出版社, 2009.
[3] 穆波. 食糖在中餐烹饪中的应用探究 [J]. 现代食品, 2018 (5): 147-149.

7. 酱

[1] 朱丽莹, 张佳苗, 曹荣安. 蚕豆酱的研究进展及发展方向 [J]. 粮食加工, 2022, 47 (2): 65-68.
[2] 郭成月. 中国酱文化的发展与传播 [J]. 餐饮世界, 2020, (4): 44-46.
[3] 赵中振, 周梦佳. 美味可口的酱 [J]. 生命世界, 2021 (8): 38-39.

8. 蚝油

[1] 杨洋. 蚝油稳定体系的研究 [J]. 食品工业, 2022, 43 (6): 169-172.
[2] 徐婷, 林虹. 蚝油生产原料中淀粉酶控制方法研究与应用 [J]. 现代食品, 2020 (13): 199-201.
[3] 李建. 蚝油提鲜三招 [J]. 食品界, 2022 (2): 82-83.

9. 豆豉

［1］徐菁雯，王伟明，史海粟，等．豆豉和淡豆豉微生物组与功能成分研究进展［J］．中国酿造，2022，41（6）：18-23．

［2］王政军．从典籍看中国古代豆豉酿制工艺的发展［J］．中国调味品，2017，42（11）：154-158．

［3］朱红梅．豆豉的历史渊源与食用风习［J］．饮食文化研究，2004（1）：94-99．

［4］陈浩．豆豉发酵新技术研究及新产品开发［D］．浙江大学，2017．

10. 勾芡淀粉

［1］仇仁志．中式烹饪中的勾芡技术［J］．现代食品，2021（24）：85-87．

［2］赵美丽．不同种类淀粉在烹饪中的适应性研究［J］．现代农业研究，2020，26（9）：118-119．

［3］韦永考，徐晓驰，张开伟．评价中式烹饪中常用的勾芡技术［J］．食品界，2019（8）：149．

11. 腐乳

［1］张建萍，解春芝．不同腐乳酱营养、功能及呈味氨基酸量化表征［J］．食品科学，2020，41（6）：246-251．

［2］李幼筠．中国腐乳的现代研究［J］．中国酿造，2006，25（1）：4-7．

［3］庄洋，陈露，田成，等．腐乳营养成分与质构特征及其偏相关分析［J］．食品科学，2020，41（3）：80-85．

［4］魏水华．腐乳的方寸山河［J］．中国国家旅游，2022（5）：60-69．

12. 咖喱

［1］李静玮．“生”“熟”之间：咖喱在中国的在地化［J］．思想战线，2020，46（2）：40-47．

［2］王璐．咖喱的风味地图：征服味蕾到底靠什么［J］．医食参考，2020（11）：6-9．

［3］徐海，楚婉苓，杨敏，等．让味蕾起舞的咖喱［J］．知识就是力量，2020（7）：60-63．

13. 葱

［1］郑晗月．浅谈《伤寒杂病论》中葱的应用［J］．东方药膳，2020，（19）：231．

［2］孙丽红．调味“四君子”，搭配不必太讲究［J］．大众医学，2022（4）：52．

[3] 李玥．吃了这么多年的葱，你知道它的这些功效吗［J］．家庭医药：就医选药，2020（5）：73．

[4] 徐翠翠，朱云峰，金少瑾，等．葱属植物功能性成分免疫调节作用研究进展［J］．食品科学，2020，41（9）：332-337．

14. 生姜

[1] 张兴．生姜：调味之物，使用有宜忌［J］．中医健康养生，2022，8（1）：71-72．

[2] 丁璐，谢定源，汪思源，等．辣椒、胡椒、生姜的辣味相关性研究［J］．中国调味品，2020，45（11）：81-89．

[3] 周洁，覃竹山，吴金平，等．生姜品质成分及姜辣素的比较［J］．中国调味品，2021，46（12）：151-154．

15. 大蒜

[1] 李锡香．论药食同源之大蒜［J］．中国蔬菜，2020（4）：6-12．

[2] 王少铭，冷家归，罗莉斯，等．大蒜资源精油成分分析与比较［J］．中国调味品，2021，46（9）：154-160．

[3] 刘平香，邱静，翁瑞，等．大蒜中主要功效成分分析研究进展［J］．农产品质量与安全，2021（2）：67-73．

16. 韭菜花

[1] 钱国宏．秋腌韭菜花［J］．青春期健康，2018（18）：76-77．

[2] 卫煜英．韭菜花挥发性成分的气相色谱-质谱分析［J］，色谱，2003（1）：96．

[3] 钱国宏．东北韭菜花酱［J］．乡镇论坛，2021（18）：41．

[4] 张光恒．三味“山珍”［J］．烹调知识，2015（6）：67．

17. 辣椒

[1] 刘一静，张驰松，涂彩虹，等．辣椒叶中功能性成分提取工艺及功能活性研究进展［J］．农业与技术，2019，39（17）：45-47，69．

[2] 李军明．辣椒的营养保健价值［J］．中国食物与营养，2010，（2）：68-71．

[3] 达白安．《中国辣椒：文化史》［J］．对外传播，2020（8）：80．

18. 陈皮

[1] 梅振英，张荣菲，赵志敏，等．广陈皮化学成分与质量控制方法研究进展［J］．中国中医药信息杂志，2020，27（7）：136-140．

［2］ 邹继伟，胡海娥，李学莉，等．陈皮生物活性成分及其保健功能研究进展［J］．饮料工业，2021，24（6）：68-72．

［3］ 欧阳志荣，黄巧宇，潘华金．亦食亦药说陈皮［J］．生命世界，2016（10）：10-13．

19. 孜然

［1］ 马梦梅，木泰华，孙红男，等．孜然特征性成分、功能性营养成分分析及生物活性的研究进展［J］．食品工业科技，2013，34（19）：378-383．

［2］ 权美平．国外孜然精油化学型分析研究进展［J］．粮食与油脂，2020，33（3）：1-3．

［3］ 佚名．孜然——美食的灵魂［J］．医食参考，2022（4）：34．

20. 花椒

［1］ 陈茜，陶兴宝，黄永亮，等．花椒香气研究进展［J］．中国调味品，2018，43（1）：189-194．

［2］ 徐丹萍，蒲彪，叶萌，等．花椒中麻味物质的呈味机理及制备方法研究进展［J］．食品科学，2018，39（13）：304-309．

［3］ 牛博，庞广昌，鲁丁强．花椒麻素的生物功能研究进展［J］．食品科学，2021，42（9）：248-253．

［4］ 陈在辉．我国花椒产业发展现状及未来发展前景［J］．现代园艺，2022，45（8）：16-18．

21. 八角

［1］ 阳小勇，唐荣平．八角茴香的化学成分及应用研究［J］．中国调味品，2018，43（8）：194-195，200．

［2］ 黄丽贞，谢滟，姜露，等．八角茴香化学与药理研究进展［J］．辽宁中医药大学学报，2015，17（2）：83-85．

［3］ 侯振丽，胡爱林，石旭柳，等．八角茴香的化学成分及生物活性研究进展［J］．中药材，2021，44（8）：2008-2017．

［4］ 陈路，吴献娟，潘富林，等．八角茴香产地加工方法的对比研究［J］．现代中药研究与实践，2019，33（1）：1-5．

22. 芥末

［1］ 傅维康．元老级调味品——芥末［J］．家庭用药，2020（1）：34．

［2］ 蒋邀. 芥末为何如此令人上头［J］. 中国食品工业，2022（4）：91.

［3］ 佘松筠，李俊. 芥末味型的调配与应用［J］. 江苏调味副食品，2018（1）：15-17.

23. 桂皮

［1］ 陈旭，刘畅，马宁辉，等. 肉桂的化学成分、药理作用及综合应用研究进展［J］. 中国药房，2018，29（18）：2581-2584.

［2］ 梁晓静，安家成，黎贵卿，等. 肉桂特色资源加工利用产业发展现状［J］. 生物质化学工程，2020，54（6）：18-24.

［3］ 高铭哲，李婷，田晨琪，等. 肉桂化学成分与药理作用研究进展［J］. 亚太传统医药，2021，17（11）：201-205.

24. 胡椒

［1］ 韩德承. 药食两用的胡椒［J］. 开卷有益—求医问药，2021（12）：58-59.

［2］ 陈映平，吴远团. 调味又治病，花椒、胡椒、辣椒知多少［J］. 幸福家庭，2018（10）：70.

［3］ 乐小米. 神奇的胡椒［J］. 东方药膳，2019（4）：8-9.

［4］ 于岚，郝正一，胡晓璐，等. 胡椒的化学成分与药理作用研究进展［J］. 中国实验方剂学杂志，2020，26（6）：234-242.

25. 砂仁

［1］ 姜春兰，蔡锦源，梁莹，等. 砂仁的有效成分及其药理作用的研究进展［J］. 轻工科技，2020，36（7）：43-45，47.

［2］ 刘军民，刘春玲，徐鸿华. 药用动植物种养加工技术 砂仁［M］. 北京：中国中医药出版社，2001.

［3］ 杨东生，张越，舒艳，等. 砂仁化学成分及药理作用的研究进展［J］. 广东化工，2022，49（8）：111-114.

26. 丁香

［1］ 李莎莎，李凡，李芳，等. 丁香的化学成分与药理作用研究进展［J］. 西北药学杂志，2021，36（5）：863-868.

［2］ 张珂，李华，陆启玉. 丁香的药理学特性及其在食品中的应用研究进展［J］. 河南工业大学学报：自然科学版，2015，36（6）：125-129.

［3］ 王颖，孙璐，柴冉，等. 调味香料丁香精油的生物活性及其在食品保鲜中的

应用研究进展［J］. 中国调味品，2020，45（2）：182-187.

27. 豆蔻

［1］ 胡璇，王丹，于福来，等. 草豆蔻的本草考证［J］. 中国实验方剂学杂志，2020，26（21）：210-219.

［2］ 李利华，郭豫梅. 白豆蔻总黄酮的提取及抗氧化活性研究［J］. 中国调味品，2020，45（9）：178-181.

［3］ 王萍，石海莲，吴晓俊. 中药草豆蔻抗肿瘤化学成分和作用机制研究进展［J］. 中国药理学与毒理学杂志，2017，31（9）：880-888.

28. 千里香

［1］ 陈彩英，侯丽颖，林彬，等. 九里香的道地性与临床应用研究［J］. 辽宁中医杂志，2020，47（3）：161-164.

［2］ 刘布鸣，林霄，白懋嘉，等. 野生与栽培千里香挥发油化学成分分析研究［J］. 香料香精化妆品，2015（6）：21-24.

［3］ 李林轩，刘威. 花开九里香，十里也飘香［J］. 生命世界，2021（9）：44-45.

29. 草果

［1］ 雷智冬，黄锁义. 草果提取方法、生物活性与临床应用研究新进展［J］. 中华中医药学刊，2021，39（1）：245-249.

［2］ 董宁. 草果：调味品中的保健品［J］. 养生月刊，2022，43（3）：260-261.

［3］ 覃慧薇，王元忠，杨美权，等. 草果的本草考证［J］. 中国实验方剂学杂志，2021，27（6）：139-148.

30. 香叶

［1］ 王少娟，王志英. 香叶提取物抗氧化及抗疲劳研究［J］. 中国调味品，2020，45（12）：168-171.

［2］ 陈佳龄，郭微，彭维，等. SPME-GC-MS分析香叶树叶的挥发性成分［J］. 光谱实验室，2013，30（1）：105-107.

［3］ 秦艳秀，蔡丹丹，樊玉霞，等. 香叶循环煮制对肉汤挥发性风味的影响研究［J］. 食品工业科技，2019，40（20）：271-277，284.

31. 青皮

［1］ 陈红，刘传玉，李承晏. 青皮的化学及药理作用研究进展［J］. 中草药，2001，32（11）：1050-1052.

[2] 牛露露，刘磊，李瑶瑶，等. 柑橘属同源药对青皮–枳壳的薄层色谱鉴别[J]. 中成药，2022，44（2）：667–671.

[3] 刘绍贵. 陈皮宣肺健脾 青皮疏肝护胃 [J]. 养生保健指南：中老年健康，2020（6）：67–68.

32. 罗汉果

[1] 蒋彩云，李苗，冯鑫苇. 罗汉果开发研究进展 [J]. 江苏调味副食品，2021（1）：4–8.

[2] 王苗苗，娄华勇，张妮，等. 罗汉果化学成分及药理研究进展 [J]. 贵州中医药大学学报，2021，43（5）：80–84.

[3] 凌晓冬，曹晖，戴一朋. 罗汉果产品加工研究进展 [J]. 现代食品，2020（14）：38–40.